高等职业教育自动化类专业规划教材

电机与电气控制技术
学习手册

莫莉萍　王　青　主编

赵红顺　主审

电子工业出版社
Publishing House of Electronics Industry
北京 · BEIJING

内 容 简 介

"电机与电气控制技术学习手册"是"电机与电气控制技术"课程、"电机与拖动基础"课程的配套教材，全书包含两大部分：电机部分与电气控制部分，凝练了直流电机、变压器、三相异步电动机、常用控制电机、电气控制技术五大项目，每个项目有针对性地配备了训练题。依托专业的实验、实训条件，提炼了 21 个典型任务，通过任务的实施，既锻炼了学生的动手能力，又提高了学生的职业素养，体现了高职教育的先进理念，符合职业教育教学改革的方向，培养了学生的团队合作精神、吃苦耐劳的优良品质及学生的安全意识、节约意识。

本教材在任务描述中，清楚正确，引用数据、图表、材料可靠；在任务的设置上，紧密联系生活、生产实际，符合"必需、够用、实用"原则，针对性较强。教材的体系基于"优化、整合"的思路，设计合理，循序渐进，符合学生心理特征和技能养成规律；结构新颖，体现教师的主导性和学生的主体性。

该教材符合学生技能培训特点，实用性强，对学生学习电机、电气控制技术知识和培养实践动手能力有很好的指导作用。

图书在版编目（CIP）数据

电机与电气控制技术学习手册 / 莫莉萍，王青主编. —北京：电子工业出版社，2019.7
ISBN 978-7-121-36812-7

Ⅰ.①电…　Ⅱ.①莫…　②王…　Ⅲ.①电机学—技术手册②电气控制—技术手册　Ⅳ.①TM3-62②TM921.5-62

中国版本图书馆 CIP 数据核字（2019）第 111916 号

责任编辑：贺志洪
印　　刷：北京七彩京通数码快印有限公司
装　　订：北京七彩京通数码快印有限公司
出版发行：电子工业出版社
　　　　　北京市海淀区万寿路 173 信箱　邮编　100036
开　　本：787×1092　1/16　印张：7.75　字数：195.2 千字
版　　次：2019 年 7 月第 1 版
印　　次：2021 年 4 月第 4 次印刷
定　　价：26.00 元

凡所购买电子工业出版社图书有缺损问题，请向购买书店调换。若书店售缺，请与本社发行部联系，联系及邮购电话：(010) 88254888，88258888。

质量投诉请发邮件至 zlts@phei.com.cn，盗版侵权举报请发邮件至 dbqq@phei.com.cn。

本书咨询联系方式：(010) 88254609 或 hzh@phei.com.cn。

目　　录

第1篇　电　机　部　分

第 2 篇　电气控制部分

第1篇 电机部分

项目 1　直 流 电 机

一、学习要点

1. 了解直流电机的主要结构、工作原理及其额定值的含义。
2. 掌握直流电机额定值的计算方法。
3. 掌握电机的 4 种励磁方式，会绘制工作原理图。
4. 掌握电枢电动势和电磁转矩的计算公式。
5. 掌握电机处于电动状态还是发电状态的判断方法。
6. 了解各种典型负载的转矩特性及其特点。
7. 熟练掌握他励直流电动机的固有机械特性和人为机械特性。
8. 掌握他励直流电动机的起动方法、原理。
9. 掌握他励直流电动机的调速原理、方法。
10. 了解各种制动方法的特点。

二、典型例题

1. 直流电机有哪些主要部件？各部件的作用是什么？

答：直流电机主要由定子和转子组成，现分述如下。

定子部分包括：

（1）主磁极。用于建立主磁通，包括主磁极铁芯和绕组。主磁极铁芯，由低碳钢片叠成；绕组，由铜线绕成。

（2）换向磁极。用于改善换向，包括换向极铁芯和换向极绕组。换向极铁芯，在中大型电机中由低碳钢片叠成，在小型电机中由整块锻钢制成；换向极绕组由铜线绕成。

（3）机座：用于固定主磁极、换向磁极、端盖等，同时构成主磁路的一部分，用铸铁、铸钢或钢板卷成。

（4）电刷装置：用于引出（或引入）电流，电刷由石墨等材料制成。

转子部分包括：

（1）电枢铁芯。构成主磁路，嵌放电枢绕组，由电工钢片叠成。

（2）电枢绕组。产生感应电动势和电磁转矩，实现机电能量转换，由铜线绕成。

（3）换向器。换向用，由换向片围叠而成。

2. 直流电动机的工作原理是什么？直流发电机的工作原理又是什么？

答：直流电动机的工作原理是电磁力定律，直流发电机的工作原理是电磁感应定律。

3. 什么叫电力拖动系统？

答：电力拖动系统是指由各种电动机作为原动机，拖动各种生产机械（如起重机的大车和小车、龙门刨床的工作台等），完成一定生产任务的系统。

4. 常见的生产机械的负载特性有哪几种？位能性恒转矩负载与反抗性恒转矩负载有何区别？

答：常见的生产机械的负载特性有恒转矩负载特性、恒功率负载特性及通风机型负载特性。其中恒转矩负载特性分为反抗性恒转矩负载和位能性恒转矩负载，反抗性恒转矩负载的大小恒定不变，而方向总与转速的方向相反，即负载转矩始终是阻碍运动的。位能性恒转矩负载的大小和方向都不随转速而发生变化。

5. 直流电动机在工作时励磁绕组突然断开，当电动机空载和满载运行时会发生什么情况？

答：空载运行中，如果励磁绕组断开，有可能造成飞车；直流电动机的转速增大到极高额定负载，如果励磁绕组断开，结果可能是电动机转速逐渐下降，进而至零，烧毁电动机绕组。

6. 在直流电机中，电枢反应的性质由什么决定？交轴电枢反应对每极磁通量有什么影响？直轴电枢反应的性质由什么决定？

答：电枢反应的性质由电刷位置决定；电刷在几何中性线上时电枢反应是具有交轴性质的，它主要改变气隙磁场的分布形状，磁路不饱和时每极磁通量不变，磁路饱和时，有一定的去磁作用，使每极磁通量减小；电刷偏离几何中性线时将产生两种电枢反应，即交轴电枢反应和直轴电枢反应。当电刷在发电机中顺着电枢旋转方向偏离、在电动机中逆转向偏离时，直轴电枢反应是去磁的，反之则是助磁的。

7. 直流发电机、直流电动机的工作原理分别是什么？

答：直流发电机的工作原理是电磁感应，运动导体切割磁力线，在导体中产生切割电动势，或者说交链线圈的磁通发生变化，在线圈中发生感应电动势。

直流电动机的工作原理是电磁力作用，通电导体在磁场中受到电磁力作用，最终产生电磁转矩，拖动电动机旋转。

8. 直流发电机有哪些工作特点？

答：直流发电机的特点有：①电刷间的电势与导体电势的性质不同，电刷间电势为直流电势，导体电势为交变电势；②电枢电势与电流同方向；③电磁转矩的方向与发电机的转向相反，为制动转矩。

9. 直流电动机有哪些工作特点？

答：直流电动机的特点有：①通过电刷间的电流与导体电流的性质不同，通过电刷间的电流为直流电流，导体电流为交变电流；②电枢电势与电流反方向，称为反电势；③电磁转矩的方向与电动机的转向相同，为驱动转矩。

10. 他励直流电动机的机械特性指的是什么？

答：他励直流电动机的机械特性是指电动机在电枢电压、励磁电流、电枢回路电阻为恒定值的条件下，即电动机处于稳定运行时，电动机的转速 n 与电磁转矩 T 之间的关系：$n=f(T)$。

11. 什么叫他励直流电动机的固有机械特性？什么叫人为机械特性？

答：他励直流电动机的固有机械特性是指在额定电压和额定磁通下，电枢电路没有外接电阻时，电动机转速与电磁转矩的关系。

一般改变固有特性三个条件中（额定电压、额定磁通和电枢回路的电阻）的任何一个条件后得到的机械特性称为人为机械特性。

12. 试说明他励直流电动机三种人为机械特性的特点。

答：（1）电枢串电阻人为特性的特点是：①理想空载转速 n_0 不变；②机械特性的斜率 β 随电枢回路的电阻增大而增大，特性变软。

（2）降低电枢电压 U 时的人为特性的特点是：①斜率 β 不变，对应不同电压的人为特性互相平行；②理想空载转速 n_0 与电枢电压 U 成正比。

（3）减弱磁通的人为特性的特点是：①磁通减弱会使 n_0 升高，n_0 与 Φ 成反比；②磁通减弱会使斜率 β 加大，Φ 与 β^2 成反比；③人为机械特性曲线是一族直线，但它们既不平行，又非放射形。磁通减弱时，特性上移，而且变软。

13. 直流电动机为什么不能直接起动？如果直接起动会引起什么后果？

答：因为直流电动机在起动瞬间（$n=0$ 时），电枢电流为 $I_{st}=\dfrac{U_N}{R_a}$。

由于电枢电阻 R_a 很小，所以直接起动电流将达到额定电流的 10～20 倍。这样大的电流会使电动机换向困难，甚至产生环火烧坏电动机。另外，过大的起动电流会引起电网电压下降，影响电网上其他用户的正常用电。因此，直流电动机一般不允许直接起动。

14. 直流电动机的最大起动电流（或最大起动转矩）选得过大或过小对起动有何影响？

答：起动电流选得过大，会对电动机的换向带来不利的影响，还会引起电网电压的下降，影响电网上其他用户的正常用电，另外过大的起动转矩还会损坏传动机构。起动电流选得过小，使起动转矩很小，从而使电动机无法带负载起动。

15. 直流电动机的起动方法有几种？

答：除了极小容量的直流电动机可以采用直接起动，直流电动机一般采用电枢回路串电阻起动和降低电枢电压起动的方法。

16. 他励直流电动机一般采用哪些调速方法？

答：他励直流电动机一般采用的调速方法有电枢回路串电阻调速、降压调速、弱磁调速。

17. 如何改变他励直流电动机的旋转方向？

答：由电动机电磁转矩的表达式 $T=C_T\Phi I_a$ 可知，要改变电磁转矩的方向，从理论上讲，一是保持电动机励磁电流方向（磁场方向）不变而改变电枢电流方向，即改变电枢电压极性；二是保持电枢电压极性不变而改变励磁电流方向。注意，同时改变电枢电流和励磁电流的方向，电动机的转向不变。

18. 他励直流电动机一般采用什么制动方法？

答：他励直流电动机采用的制动方法一般有能耗制动、反接制动、回馈制动。其中反接制动又分为倒拉反接制动、电压反接制动。回馈制动又称为再生发电制动。

19. 怎样实现他励直流电动机的能耗制动？

答：断开电动机的直流电源，同时在电枢回路中串接制动电阻。

20. 当提升机下放重物时，要使他励电动机在低于理想空载转速下运行，应采用什么制动方法？若在高于理想空载转速下运行，又应采用什么制动方法？

答：要使他励电动机在低于理想空载转速下运行应采用倒拉反转制动，在高于理想空载转速下运行应采用回馈制动。

21. 画图说明直流电机的励磁方式及电流之间的关系。

（1）他励直流电动机。

励磁电流 I_f 与电枢电流 I_a、线路输入电流 I 无关，且 $I_a=I$，如图 1 所示。

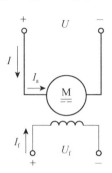

图 1　他励直流电动机工作原理图

（2）并励直流电动机。

线路输入电流 I 等于励磁电流 I_f 与电枢电流 I_a 之和，即：$I=I_f+I_a$，如图 2 所示。

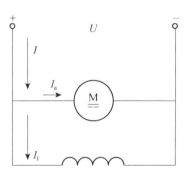

图 2　并励直流电动机工作原理图

（3）串励直流电动机。

线路输入电流 I 与励磁电流 I_f、电枢电流 I_a 相等，即：$I=I_f=I_a$，如图 3 所示。

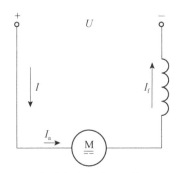

图 3　串励直流电动机工作原理图

（4）复励直流电动机。

线路输入电流 I 等于励磁电流 I_{f1} 与电枢电流 I_a 之和，与 I_{f2} 相等，如图4所示。

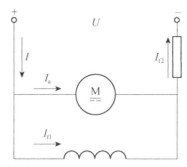

图4　复励直流电动机工作原理图

22. 一台四极直流发电机，额定功率 P_N 为 55kW，额定电压 U_N 为 220V，额定转速 n_N 为 1500r/min，额定效率 η_N 为 0.9。试求额定状态下电机的输入功率 P_1 和额定电流 I_N。

解：
$$P_1 = \frac{P_N}{\eta_N} = \frac{55}{0.9} = 61.1\text{kW}$$

$$I_N = \frac{P_N}{U_N} = \frac{55 \times 10^3}{220} = 250\text{A}$$

23. 一台直流电动机的额定数据为：额定功率 P_N 为 17kW，额定电压 U_N 为 220V，额定转速 1500r/min，额定效率 η_N 为 0.83。试求额定状态下电机的输入功率 P_1 和额定电流 I_N。

解：
$$P_1 = \frac{P_N}{\eta_N} = \frac{17}{0.83} = 20.5\text{kW}$$

$$I_N = \frac{P_N}{U_N \times \eta_N} = \frac{17 \times 10^3}{220 \times 0.83} = 93.1\text{A}$$

24. 一台他励直流电动机的额定数据为：$P_N=13\text{kW}$，$U_N=220\text{V}$，$n_N=1500\text{r/min}$，$I_N=68.6\text{A}$，$R_a=0.225\Omega$，负载转矩为恒定值不变，试求：

（1）在电枢回路中串入附加电阻 $R_{ad}=1\Omega$ 时电动机的转速？

（2）电压降至 151.4V 时电动机的转速？

解：
$$C_e\Phi_N = \frac{U_N - I_N R_a}{n_N} = \frac{220 - 68.6 \times 0.225}{1500} = 0.136\text{V·min/r}$$

（1）$R_{ad}=1\Omega$ 时：
$$n = \frac{U_N}{C_e\Phi_N} - \frac{R_a + R_{ad}}{C_e\Phi_N} I_N$$

$$n = \frac{220}{0.136} - \frac{0.225 + 1}{0.136} \times 68.6 = 1000\text{r/min}$$

（2）电压降至 151.4V 时：
$$n = \frac{U}{C_e\Phi_N} - \frac{R_a}{C_e\Phi_N} I_N$$

$$= \frac{151.4}{0.136} - \frac{0.225}{0.136} \times 68.6 = 1000\text{r/min}$$

25. 一台他励直流电动机的额定数据为：P_N=13kW，U_N=220V，n_N=1500r/min，I_N=68.6A，R_a=0.225Ω，负载转矩为恒定值不变，试求：

（1）当电枢电流 I_a=50A 时，电动机的转速？

（2）当 n=1000r/min 时，电枢电流等于多少？

解：
$$C_e\Phi_N = \frac{U_N - I_N R_a}{n_N} = \frac{220 - 68.6 \times 0.225}{1500} = 0.136\text{V}\cdot\text{min/r}$$

（1）当电枢电流 I_a=50A 时：

$$n = \frac{U_N}{C_e\Phi_N} - \frac{R_a}{C_e\Phi_N} I_a$$

$$= \frac{220}{0.136} - \frac{0.225}{0.136} \times 50 = 1535\text{r/min}$$

（2）当 n=1000r/min 时：

$$n = \frac{U_N}{C_e\Phi_N} - \frac{R_a}{C_e\Phi_N} I_a$$

即
$$1000 = \frac{220}{0.136} - \frac{0.225}{0.136} \times I_a$$

故
$$I_a = 374\text{A}$$

26. 一台他励直流电动机的额定数据为：P_N=40kW，U_N=220V，n_N=1000r/min，I_N=210A，R_a=0.07Ω，试求：

（1）电动机额定运行时的电枢电动势。

（2）在额定情况下进行能耗制动，欲使制动电流等于 $2I_N$，电枢应外接多大的制动电阻？

（3）如电枢无外接电阻，制动电流有多大？

解：（1）电动机额定运行时，电枢电动势为：
$$E_a = U_N - I_N R_a$$
$$= 220 - 210 \times 0.07 = 205.3\text{A}$$

（2）按要求：$I_{max} = -2I_N = -2 \times 210 = -420\text{A}$

能耗制动时应串入的制动电阻：

$$R_{ad} = -\frac{E_{aN}}{I_{max}} - R_a$$

$$= -\frac{205.3}{-420} - 0.07 = 0.419Ω$$

（3）当没有外接电阻时：

$$I_{max} = -\frac{E_{aN}}{R_a} = -\frac{205.3}{0.07} = -2933\text{A}$$

27. 一台直流他励电动机，P_N=30kW，U_N=220V，n_N=1000r/min，I_N=150A，R_a=0.2Ω，试求额定负载时：

（1）$C_e\Phi_N$ 为多少？

（2）电枢回路串入 0.1Ω 时，电动机的稳定转速。

（3）将电源电压调至 200V 时，电动机的稳定转速。

（4）当电枢电流 I_a=100A 时，电动机的稳定转速。

（5）当电动机稳定转速为900r/min时，电枢电流为多少？

解：（1）

$$C_e\Phi_N = \frac{U_N - I_N R_a}{n_N} = \frac{220 - 150 \times 0.2}{1000} = 0.190\text{V·min/r}$$

（2）

$$n = \frac{U_N}{C_e\Phi_N} - \frac{R_a + R_{ad}}{C_e\Phi_N}I_N$$

$$= \frac{220}{0.19} - \frac{0.2 + 0.1}{0.19} \times 150 = 921\text{r/min}$$

（3）

$$n = \frac{U}{C_e\Phi_N} - \frac{R_a}{C_e\Phi_N}I_N$$

$$= \frac{200}{0.19} - \frac{0.2}{0.19} \times 150 = 895\text{r/min}$$

（4）

$$n = \frac{U_N}{C_e\Phi_N} - \frac{R_a}{C_e\Phi_N}I_a$$

$$= \frac{220}{0.19} - \frac{0.2}{0.19} \times 100 = 1053\text{r/min}$$

（5）由

$$n = \frac{U_N}{C_e\Phi_N} - \frac{R_a}{C_e\Phi_N}I_N$$

即

$$900 = \frac{220}{0.19} - \frac{0.2}{0.19} \times I_a$$

得

$$I_a = 245\text{A}$$

28. 一台直流他励电动机的额定数据为：P_N=21kW，U_N=220V，n_N=950r/min，I_N=112A，R_a=0.45Ω。求固有机械特性方程并绘制固有机械特性曲线。

解：

$$C_e\Phi_N = \frac{U_N - I_N R_a}{n_N} = \frac{220 - 112 \times 0.45}{950} = 0.180\text{V·min/r}$$

$$C_T\Phi_N = 9.55 C_e\Phi_N = 9.55 \times 0.180 = 0.172\text{V·min/r}$$

$$n_0 = \frac{U_N}{C_e\Phi_N} = \frac{220}{0.180} = 1222\text{r/min}$$

$$\beta = \frac{R_a}{C_e C_T \Phi_N^2} = \frac{0.45}{0.180 \times 0.172} = 1.43$$

$$n = n_0 - \beta T = 1222 - 1.43T$$

固有机械特性曲线如图5所示。

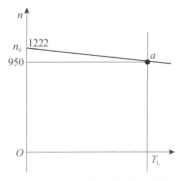

图5　题28固有机械特性曲线

29. 他励直流电动机的数据：P_N=10kW，U_N=220V，n_N=3000r/min，I_N=53.7A。试计算：

（1）固有机械特性。

（2）当电枢电路总电阻为 2.05Ω 时的人为特性。

（3）当电枢端电压 U=0.5U_N 时的人为特性。

（4）当 Φ=0.8Φ_N 时的人为特性，并在同一坐标上画出机械特性曲线。

解：
$$R_a = \frac{2}{3} \times \frac{U_N I_N - P_N}{I_N^2} = \frac{2}{3} \times \frac{220 \times 53.7 - 10 \times 10^3}{53.7^2} = 0.422\Omega$$

（1）
$$C_e \Phi_N = \frac{U_N - I_N R_a}{n_N} = \frac{220 - 53.7 \times 0.422}{3000} = 0.066 \text{V·min/r}$$

$$n_0 = \frac{U_N}{C_e \Phi_N} = \frac{220}{0.066} = 3333 \text{r/min}$$

$$\beta = \frac{R_a}{C_e C_T \Phi_N^2} = \frac{0.422}{9.55 \times 0.066^2} = 10$$

固有机械特性：$n = n_0 - \beta T = 3333 - 10T$

（2）当电枢电路总电阻为 2.05Ω 时，n_0 不变，β 变化
$$\beta = \frac{R}{C_e C_T \Phi_N^2} = \frac{2.05}{9.55 \times 0.066^2} = 48$$

$$n = n_0 - \beta T = 3333 - 48T$$

（3）当电枢端电压 U=0.5U_N 时，n_0 降低，β 不变
$$n_0 = \frac{0.5 U_N}{C_e \Phi_N} = \frac{0.5 \times 220}{0.066} = 1667 \text{r/min}$$

$$n = n_0 - \beta T = 1667 - 10T$$

（4）当 Φ=0.8Φ_N 时，n_0、β 均变大
$$n_0 = \frac{U_N}{0.8 \times C_e \Phi_N} = \frac{220}{0.8 \times 0.066} = 4166 \text{r/min}$$

$$\beta = \frac{R_a}{0.8^2 C_e C_T \Phi_N^2} = \frac{0.422}{0.8^2 \times 9.55 \times 0.066^2} = 15.6$$

$$n = n_0 - \beta T = 4166 - 15.6T$$

机械特性曲线如图 6 所示。

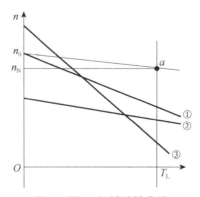

图 6　题 29 机械特性曲线

注：① 线对应电枢回路总电阻为 2.05Ω 的人为机械特性。

② 线对应电枢端电压 $U=0.5U_N$ 的人为机械特性。

③ 线对应 $\Phi=0.8\Phi_N$ 时的人为机械特性。

30. 一台他励电动机的铭牌数据为：$P_N=40kW$，$U_N=220V$，$I_N=205A$，$R_a=0.058\Omega$。

（1）如果电枢电路不串接电阻起动，则起动电流为额定电流的几倍？

（2）如将起动电流限制为 $1.5I_N$，求串入电枢电路的电阻值是多少？

（3）如将起动电流限制为 $2I_N$，起动时电枢回路应加多大的电压？

解：（1）
$$I_{st}=\frac{U_N}{R_a}=\frac{220}{0.058}=3793.1A$$

起动电流倍数 k 为：
$$k=\frac{I_{st}}{I_N}=\frac{3793.1}{205}=18.5$$

（2）
$$I_{st}=\frac{U_N}{R_a+R_{ad}}$$

$$1.5\times205=\frac{220}{0.058+R_{ad}}，得R_{ad}=0.657\Omega$$

（3）
$$I_{st}=\frac{U}{R_a}，2\times205=\frac{U}{0.058}，得U=23.78V$$

三、任务训练

任务 1　直流电动机的结构和工作原理

1. 标出图 7、图 8 各部分的名称。

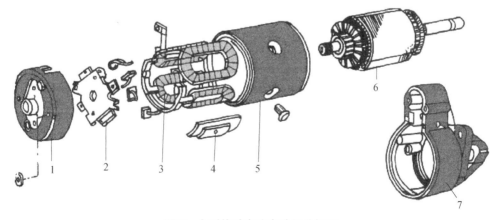

图 7　小型他励直流电动机分解图

1：_____　2：_____　3：_____　4：_____　5：_____　6：_____　7：_____

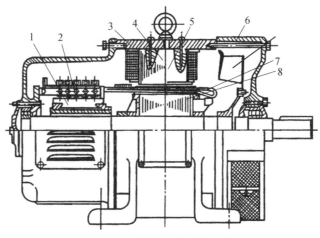

图 8 他励直流电动机结构图

1：＿＿＿＿＿＿＿＿ "1" 的作用＿＿＿＿＿＿＿＿＿＿＿＿＿＿＿＿＿＿＿＿＿

2：＿＿＿＿＿＿＿＿ "2" 的作用＿＿＿＿＿＿＿＿＿＿＿＿＿＿＿＿＿＿＿＿＿

3：＿＿＿＿＿＿＿＿ "3" 的作用＿＿＿＿＿＿＿＿＿＿＿＿＿＿＿＿＿＿＿＿＿

4：＿＿＿＿＿＿＿＿ "4" 的作用＿＿＿＿＿＿＿＿＿＿＿＿＿＿＿＿＿＿＿＿＿

6：＿＿＿＿＿＿＿＿ "6" 的作用＿＿＿＿＿＿＿＿＿＿＿＿＿＿＿＿＿＿＿＿＿

7：＿＿＿＿＿＿＿＿ "7" 的作用＿＿＿＿＿＿＿＿＿＿＿＿＿＿＿＿＿＿＿＿＿

2. 指出图 9 所示直流电动机铭牌中型号中各字母、数字的意义。

直流电动机		
型　号 Z_2-72		产品编号 7001
结构类型 ＿＿＿		励磁方式 他励
功　率 22kW		励磁电压 220V
电　压 220V		工作方式 连续
电　流 116.3A		绝缘等级 B级
转　速 1500r/min		重　量 ＿＿kg
标准编号 JB1104-68	出厂日期 ＿＿年＿＿月	

图 9 直流电动机铭牌

字母数字从左到右依次是：

Z：表示＿＿＿＿＿＿＿＿＿＿＿＿＿＿＿＿＿＿＿＿＿＿＿＿＿＿＿＿＿＿＿＿＿＿＿

2：表示＿＿＿＿＿＿＿＿＿＿＿＿＿＿＿＿＿＿＿＿＿＿＿＿＿＿＿＿＿＿＿＿＿＿＿

7：表示＿＿＿＿＿＿＿＿＿＿＿＿＿＿＿＿＿＿＿＿＿＿＿＿＿＿＿＿＿＿＿＿＿＿＿

2：表示＿＿＿＿＿＿＿＿＿＿＿＿＿＿＿＿＿＿＿＿＿＿＿＿＿＿＿＿＿＿＿＿＿＿＿

3. 画出他励、并励直流电动机励磁方式原理图并标出各物理量极性（或方向）。

4. 计算题

（1）一台 4 极直流发电机，铭牌数据为：P_N=10kW，U_N=220V，n_N=1500r/min，η_N=0.88。试求额定状态下电机的输入功率 P_1 和额定电流 I_N。

（2）一台直流电动机的额定数据为：P_N=15kW，U_N=220V，n_N=1500r/min，η_N=0.85。试求额定状态下电动机的输入功率 P_1 和额定电流 I_N。

任务 2　直流电动机机械特性的求取

1. 在图 10 中画出他励直流电动机三种人为机械特性，并说明其特点。

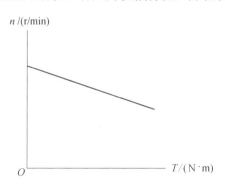

图 10　他励直流电动机人为机械特性

简述特点：

2. 画图说明常见的三种生产机械的负载特性，位能性恒转矩负载与反抗性恒转矩负载有何区别？

3. 计算题

（1）一台他励直流电动机，P_N=4kW，U_N=110V，n_N=1500r/min，I_N=44.8A，R_a=0.23Ω，试求理想空载转速与实际空载转速分别是多少？

（2）一台他励直流电动机的铭牌数据为 P_N=10kW，U_N=220V，n_N=1500r/min，I_N=53.4A，R_a=0.4Ω。试求出下列几种情况下的机械特性方程，并在同一坐标上画出机械特性曲线。（1）固有机械特性；（2）电枢回路串入 1.6Ω的电阻；（3）电源电压降至原来的一半；（4）磁通减小30%。

任务 3　直流电动机起动、反转和调速的操作

1. 在图 11 中画图并说明他励直流电动机反转的方法，并在实验设备上操作验证。

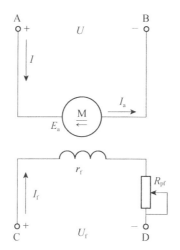

图 11　他励直流电动机原理图

2. 直流电动机起动时碰到的最大困难是什么？直流电动机的起动方法有几种？并进行实验验证。

3. 画图并说明直流电动机调速的三种方法及特点，并进行实验验证。

4. 计算题

已知一台他励直流电动机：U_N=220V，n_N=1500r/min，I_N=50.8A，R_a=0.25Ω，试计算：

（1）直接起动的起动电流是额定电流的多少倍？

（2）如限制起动电流为 I_N 的 1.5 倍，电枢回路应串入多大的电阻？

（3）如限制起动电流为 I_N 的 2 倍，起动时电枢回路应加多大的电压？

四、摸底自测

任务 1　直流电动机原理、结构知识点自测

（一）填空题

1. 直流电机具有_____性，既可作发电机运行，又可作电动机运行。作发电机运行时，将_____变成_____输出，作电动机运行时，则将_____变成_____输出。

2. 直流电动机根据励磁方式的不同可分为_____电动机、_____电动机、_____电动机和_____电动机。

3. 直流电机的换向极安装在_____，其作用是_____。

4. 并励直流电动机，当电源反接时，其中 I_a 的方向_____，转速方向_____。

5. 可用下列关系来判断直流电机的运行状态，当端电压_____电枢电势时，直流电机运行于电动机状态，当端电压_____电枢电势时，直流电机运行于发电机状态。

6. 直流发电机电磁转矩的方向和电枢旋转方向_____，直流电动机电磁转矩的方向和电枢旋转方向_____。

7. 单迭和单波绕组，极对数均为 p 时，并联支路数分别是_____，_____。

8. 直流电机的电磁转矩是由_____和_____共同作用产生的。

9. 直流发电机的电磁转矩是_____转矩，直流电动机的电磁转矩是_____转矩。

10. 直流电机铭牌上的额定功率是指_____功率，对发电机是指_____功率，对电动机是指_____功率。

11. 直流电动机的电枢电流方向与电势方向_____，直流发电机的电枢电流方向与电势方向_____。

12. 直流电动机的转向取决于_____的方向。

（二）判断题（对的打"√"，错的打"×"）

（　　）1. 一台直流发电机，若把电枢固定，而电刷与磁极同时旋转，则在电刷两端仍能得到直流电压。

（　　）2. 一台并励直流电动机，若改变电源极性，则电动机转向改变。

（　　）3. 直流电机中，换向极的作用是改变换向，所以只要装置换向极都能起到改变

换向的作用。

（　　）4. 直流电动机的额定功率，既表示输入功率也表示输出功率。

（　　）5. 直流发电机改变旋转方向可以改变输出电动势的极性。

（　　）6. 直流电机运行时，电枢绕组元件中的感应电势和电流都是交变的。

（　　）7. 直流电机空载磁场即是主磁极磁场，由励磁电流建立。

（　　）8. 并励发电机的电压变化率比他励发电机的大，即在同一负载电流下，端电压较低。

（三）选择题

1. 直流发电机主磁极磁通产生感应电动势存在于（　　）中。

A. 电枢绕组　　　　　B. 励磁绕组　　　　　C. 电枢绕组和励磁绕组

2. 直流发电机电刷在几何中线上，如果磁路不饱和，这时电枢反应是（　　）

A. 去磁　　　　　　　B. 助磁　　　　　　　C. 不去磁也不助磁

3. 直流电机 $U=240V$，$E_a=220V$，则此电机处于（　　）。

A. 电动机状态　　　　B. 发电机状态

4. 直流电动机中，电动势的方向与电枢电流方向_____，直流发电机中，电动势的方向与电枢电流的方向_____。（　　）

A. 相同，相同　　　B. 相同，相反　　　C. 相反，相同　　　D. 相反，相反

5. 在直流电机中，电枢的作用是（　　）。

A. 将交流电变为直流电　　　　　　　B. 实现直流电能和机械能之间的转换

C. 在气隙中产生主磁通　　　　　　　D. 将直流电流变为交流电流

6. 直流电机电枢绕组导体内的电流是（　　）。

A. 直流　　　　　　B. 脉动电流　　　　　C. 交流　　　　　　D. 都不对

（四）简答题

1. 画出他励、并励直流电动机励磁方式原理图并标出各物理量极性（或方向）。

2. 在直流电机中换向器-电刷的作用是什么？

（五）计算题

1. 一台他励直流电动机，铭牌数据如下：P_N=6kW，U_N=230V，n_N=1450r/min，R_a=0.57Ω（包括电刷接触电阻），η=90%，求：

（1）额定负载时的电磁功率和电磁转矩。

（2）额定输出转矩和空载转矩。

2. 一台他励直流电动机，铭牌数据如下：P_N=2.2kW，U_N=220V，I_N=12.5A，n_N=1500r/min，R_a=2.4Ω 求：

（1）当 I_a=10A 时，电机的转速 n。

（2）当 n=1550r/min 时，电枢电流 I_a。

任务2 直流电动机电力拖动知识点自测

（一）填空题

1. 生产机械运行用负载转矩标识其大小，负载转矩随转速变化的规律用_____来表征，各种生产机械特性有_____、_____和_____三种类型。位能性负载转矩的机械特性位于_____象限，反抗性负载转矩的机械特性位于_____象限。

2. 电动机的机械特性是在稳定条件下，电动机的转速与_____之间的关系，他励直流电动机的机械特性方程是_____。

3. 他励直流电动机的固有机械特性是指在_____、_____、_____条件下，转速和转矩的关系。

4. 电力拖动系统稳定运行的条件是（1）_____；（2）_____。

5. 电动机的工作状态（电动或制动）通过_____判断。

6. 常用的电气制动方法有_____、_____和_____。

7. 直流电动机的起动方法有_____、_____两种。

8. 当直流电动机的转速超过_____时，会出现回馈制动。

9. 他励直流电动机的调速方法有：_____、_____、_____。

10. 电动机制动运行的特点是_____。

11. 直流电动机拖动恒转矩负载进行调速时，应采用_____调速方法，而拖动恒功率负载进行调速时，应采用_____调速方法。

（二）判断题（对的打"√"，错的打"×"）

（　　）1. 直流电动机的额定功率是指额定运行时电动机输入的电功率。

（　　）2. 他励直流电动机的励磁和负载转矩不变时，降低电源电压，电动机的转速将上升。

（　　）3. 直流发电机电枢导体中的电流是直流电。

（　　）4. 改变他励电动机的转向，可以同时改变电枢绕组方向和励磁绕组的方向。

（　　）5. 起动他励直流电动机要先加励磁电压，再接通电枢电源。

（　　）6. 他励电动机轴上所带负载越大，转速越低。

（　　）7. 直流电动机的人为机械特性都比固有机械特性软。

（　　）8. 他励电动机机械特性分为固有机械特性和人为机械特性。

（　　）9. 直流电动机弱磁调速时，磁通减少，转速增大。

（　　）10. 直流电动机反转通常采用改变电枢电流方向来实现。

（　　）11. 直流电动机正常工作时，如电磁转矩增大，则电动机转速下降。

（　　）12. 他励直流电动机能耗制动时，电枢电压 $U=0$。

（　　）13. 直流电动机串多级电阻起动，在起动过程中，每切除一级起动电阻，电枢电流都将突变。

（　　）14. 提升位能负载时的工作点在第一象限内，而下放位能负载时的工作点在第四象限内。

（　　）15. 他励直流电动机的降压调速属于恒转矩调速方式，因此只能拖动恒转矩负载运行。

（三）选择题

1. 电力拖动系统运动方程式中的 GD^2 反映了（　　）。

A. 旋转体的重量与旋转体直径平方的乘积，它没有任何物理意义

B. 系统机械惯性的大小，它是一个整体物理量

C. 系统储能的大小，但它不是一个整体物理量

2. 他励直流电动机的人为特性与固有特性相比，其理想空载转速和斜率均发生了变化，那么这条人为特性一定是（　　）。

A. 串电阻的人为特性　　　　　　　　B. 降压的人为特性

C. 弱磁的人为特性

3. 直流电动机采用降低电源电压的方法起动，其目的是（　　）。

A. 使起动过程平稳　　　　　　　　　B. 减小起动电流

C. 减小起动转矩

4. 他励直流电动机拖动恒转矩负载进行串电阻调速，设调速前、后的电枢电流分别为 I_1

和 I_2，那么（　　）。

    A. $I_1 < I_2$ B. $I_1 = I_2$ C. $I_1 > I_2$

5. 一直流电动机拖动一台他励直流发电机，当电动机的外电压、励磁电流不变时，增加发电机的负载，则电动机的电枢电流和转速 n 将（　　）。

    A. 增大，n 降低   B. 减小，n 升高   C. 减小，n 降低

6. 一台他励直流电动机，在保持转矩不变时，如果电源电压 U 降为原来的 0.5 倍，忽略电枢反应和磁路饱和的影响，此时电机的转速（　　）。

    A. 不变   B. 转速降低到原来转速的 0.5 倍

    C. 转速下降   D. 无法判定

7. 起动他励直流电动机时，磁路回路应（　　）电源。

    A. 与电枢回路同时接入   B. 比电枢回路先接入

    C. 比电枢回路后接入

8. 他励直流电动机磁通增加 10%，当负载力矩不变时（T_2 不变），不计饱和与电枢反应的影响，电机稳定后 I_a 变化为（　　）。

    A. 增大   B. 减小   C. 基本不变

9. 并励直流电动机在运行时励磁绕组断开了，电机将（　　）。

    A. 飞车   B. 停转   C. 可能飞车，也可能停转

10. 直流电动机的额定功率指（　　）。

    A. 转轴上吸收的机械功率   B. 转轴上输出的机械功率

    C. 电枢端口吸收的电功率   D. 电枢端口输出的电功率

（四）简答题

1. 电力拖动系统稳定运行的条件是什么？

2. 直流电动机调速指标有哪些？当要求的静差率一定时，调压调速和电枢回路串电阻调速相比，哪种调速方法的调速范围较大？

3. 直流电动机起动的基本要求是什么？

4. 在同一坐标中画出他励直流电动机固有机械特性和三种人为机械特性曲线。

（五）计算题

1. 已知一台他励直流电动机：U_N=220V，I_N=207.5A，R_a=0.067Ω，试计算：

（1）直接起动的起动电流是额定电流的多少倍？

（2）如限制起动电流为 1.5 倍的 I_N，电枢回路应串入多大的电阻？

2. 一台他励直流电动机的铭牌数据为 P_N=10kW，U_N=220V，I_N=53.4A，n_N=1500r/min，R_a=0.4Ω。试求出下列几种情况下的机械特性方程，并在同一坐标上画出机械特性曲线：（1）固有机械特性。（2）电枢回路串入 1.6Ω 的电阻。（3）电源电压降至原来的一半。（4）磁通减小 30%。

项目 2　交流电动机

一、学习要点

1. 熟练掌握三相异步电动机的基本结构、额定值的意义和型号。
2. 熟练掌握三相异步电动机的基本工作原理。
3. 了解异步电动机的转差率的概念及异步电动机的三种运行状态。
4. 掌握异步电动机空载和负载运行时的物理情况。
5. 掌握异步电动机的功率平衡关系、转矩平衡关系。
6. 了解三相异步电动机的工作特性、了解三相异步电动机的参数测定方法。
7. 了解三相异步电动机的电磁转矩物理表达式、参数表达式、实用表达式及其计算。
8. 熟练掌握三相异步电动机固有机械特性曲线，深入理解特性曲线上的起动点、最大转矩点、额定运行点和同步点的意义。
9. 熟练掌握三相异步电动机降低定子电压的人为机械特性和绕线转子异步电动机串联对称电阻的人为机械特性。与固有特性比较，人为机械特性的最大转矩、起动转矩和临界转差率的变化情况。
10. 了解三相鼠笼型异步电动机直接起动的特点，熟练掌握星形—三角形降压起动方法及其有关计算。
11. 掌握三相绕线型转子异步电动机的转子串电阻起动方法。
12. 了解三种停车制动实现的方法，了解制动机械特性曲线的特点。

二、典型例题

1. 简述三相鼠笼型异步电动机主要结构部件及各部件的作用。
答：异步电动机主要由定子和转子所组成，定子与转子间存在很小的间隙，称为气隙。
1）定子
组成：由定子铁芯、定子绕组和机座等部件组成。
定子铁芯：是电动机的磁路部分，由导磁性能较好的 0.5mm 厚、表面具有绝缘层的硅钢片叠压而成。

定子绕组：是电动机的电路部分，由导电材料如铜线或铝线联结成星形或三角形。

机座：是电动机的外壳，用以固定和支撑定子。

作用：定子的作用是产生旋转磁场。

2）转子

组成：由转子铁芯、转子绕组和转轴等部件构成。

转子铁芯：电动机磁路的一部分，一般用 0.5mm 厚的硅钢片叠压而成。

转子绕组：其作用是感应电动势和电流并产生电磁转矩，有鼠笼型和绕线型两种。

转轴：一般用强度和刚度较高的低碳钢制成，其作用是支撑转子和传递转矩。

2. 简述异步电动机工作原理。

答：异步电动机工作原理介绍如下。

（1）电生磁：异步电动机定子上有三相对称的交流绕组，三相对称交流绕组通入三相对称交流电流时，将在电动机气隙空间产生旋转磁场。

（2）磁生电：转子绕组的导体处于旋转磁场中，转子导体切割磁力线，并产生感应电势；转子导体通过端环自成闭路，并通过感应电流。

（3）产生电磁力和电磁转矩：感应电流与旋转磁场相互作用产生电磁力。电磁力作用在转子上将产生电磁转矩，并驱动转子旋转。

3. 异步电动机的转向主要取决于什么？说明如何实现异步电动机的反转。

答：异步电动机的转子旋转方向始终与旋转磁场的方向一致，而旋转磁场的方向又取决于通入交流电的相序，因此只要改变定子电流相序，即任意对调电动机的两根电源线，便可使电动机反转。

4. 异步电动机转子转速能不能等于定子旋转磁场的转速？为什么？

答：异步电动机的转速不能达到同步转速。若达到同步转速，转子绕组和旋转磁场之间没有相对运动，转子绕组就不产生感应电动势和电流，也就不产生电磁转矩，电动机就不转了，所以异步电动机的转速不能达到同步转速。

5. 什么叫异步电动机的转差率？异步电动机有哪三种运行状态？并说明三种运行状态下，转速及转差率的范围。

答：同步转速 n_1 与转子转速 n 之差对同步转速 n_1 之比称为转差率。

根据转差率大小和正负情况，异步电机有电动机运行、发电机运行和电磁制动运行三种运行状态。

（1）电动机运行状态：转速变化范围为 $0<n<n_1$，转差率变化范围 $0<s<1$。

（2）发电机运行状态：转速变化范围为 $n_1<n<\infty$，转差率变化范围 $-\infty<s<0$。

（3）电磁制动状态：转速变化范围为 $-\infty<n<0$，转差率变化范围 $1<s<\infty$。

6. 何谓三相异步电动机的固有机械特性和人为机械特性？

答：固有机械特性是指异步电动机按规定方式接线，工作在额定电压、额定频率下，定子、转子电路均不外接电阻情况下的机械特性。

三相异步电动机的人为机械特性是指人为改变电源参数或电动机参数的机械特性。

7. 三相异步电动机带额定负载运行，若负载转矩不变，当电源电压降低时，电动机的最大电磁转矩、起动转矩、主磁通、转子电流、定子电流和转速将如何变化？为什么？

答：三相异步电动机带额定负载运行，若负载转矩不变，当电源电压降低时，电动机的最大电磁转矩变小、起动转矩变小、主磁通变小、转子电流变大、定子电流变大、转速变小。

8. 鼠笼型异步电动机的起动方式分哪两大类？说明其适合场合。

答：鼠笼型异步电动机的起动方式有直接起动和降压起动两类。

直接起动：若电网容量足够大，而电动机容量较小，一般采用直接起动方式，而不会引起电源电压有较大的波动。

降压起动：适用于轻载和空载的场合。

9. 异步电动机有哪些降压起动方式？各有什么优缺点？

答：（1）定子回路串电抗（电阻）降压起动：定子回路串入电阻降压起动，设备简单、操作方便、价格便宜，但要在电阻上消耗大量电能，故不能用于经常起动的场合，一般用于容量较小的低压电动机。采用电抗器降压起动则避免了上述缺点，但其设备费用较高，故通常用于容量较大的高压电动机。

（2）星形－三角形（Y—△）换接降压起动：采用 Y—△换接降压起动，其起动电流及起动转矩都减小到直接起动时的 1/3。Y—△换接降压起动的最大的优点是操作方便，起动设备简单，成本低，但它仅适用于正常运行时定子绕组作三角形连接的异步电动机。

（3）自耦变压器降压起动：自耦变压器降压起动的优点是不受电动机绕组连接方式的影响，且可按允许的起动电流和负载所需的起动转矩来选择合适的自耦变压器抽头。其缺点是设备体积大，投资高。自耦变压器降压起动一般用于 Y—△换接降压起动不能满足要求，且不频繁起动的大容量电动机。

10. 什么是三相异步电动机的降压起动？它与直接起动相比，起动转矩和起动电流有何变化？

答：起动时将定子绕组改接成星形连接方式，待电动机转速上升到接近额定转速时再将定子绕组再改成三角形连接方式。起动转矩和起动电流减小到直接起动时的 1/3。

11. 有一台异步电动机的额定电压为 380V/220V，Y/△联结，当电源电压为 380V 时，能否采用 Y—△换接降压起动？为什么？

答：当电源电压为 380V 时应采用 Y 接线，此时不能采用 Y—△换接降压起动，因为 Y—△换接降压起动只适用于正常工作时定子绕组为△接线的异步电动机。

12. 异步电动机常用的调速方法有哪些？

答：由 $n = \dfrac{60f_1}{p}(1-s)$ 知，异步电动机调速方法主要有：①变极调速；②变频调速；③变转差调速（包括变压调速、转子回路串电阻调速、转子回路串级调速）。

13. 三相异步电动机怎样实现变极调速？变极调速时为什么要改变定子电源的相序？

答：通过改变异步电动机定子绕组的接线的方法来改变定子的极对数。因为变极前后三相绕组的相序发生了变化，若要保持电动机转向不变，应把接到电动机的 3 根电源线任意对调两根。

14. 三相异步电动机变极调速常采用 Y/YY 接法和△/Y 接法，对于切削机床一类的恒功率负载，采用哪种接法的变极线路来实现调速才比较合理？

答：Y/YY 变极调速方法属于恒转矩调速，△/Y 属于恒功率调速。对于切削机床一类的恒功率负载，应采用恒功率的调速方法，所以应采用△/Y 调速。

15. 有一台过载能力 $\lambda_m=1.8$ 的异步电动机，带额定负载运行时，由于电网突然发生故障，电源电压下降到 $70\% U_N$，问此时电动机能否继续运行？为什么？

答：电网突然发生故障，电源电压下降到 $70\% U_N$，最大电磁转矩变为原来的 0.49。

$T_m' = \lambda_m 0.7^2 T_N = 1.8 \times 0.49 T_N = 0.88 T_N < T_N$，所以不能继续运行。

16. 一台三相鼠笼型异步电动机，已知 $U_N=380V$，$n_N=1440r/min$，$I_N=20A$，$\cos\varphi_N=0.87$，$\eta_N=0.875$，定子△形接法，$T_{st}/T_N=1.2$，$I_{st}/I_N=6$，试求：

（1）电动机额定功率 P_N。

（2）电动机轴上输出的额定转矩 T_N。

（3）若采用 Y—△换接降压起动，I_{st} 等于多少？能否半载起动？

解：（1）$P_N = \sqrt{3} U_N I_N \cos\varphi_N \eta_N = \sqrt{3} \times 380 \times 20 \times 0.87 \times 0.875 = 10.02kW$

（2）$T_N = 9550 \dfrac{P_N}{n_N} = 9550 \times \dfrac{10.02}{1440} = 66N\cdot m$

（3）$I_{stY} = \dfrac{1}{3} I_{st} = \dfrac{1}{3} \times 6 I_N = 40A$

$$T_{stY} = \frac{1}{3} T_{st} = \frac{1}{3} \times 1.2 T_N = 0.4 T_N < 0.5 T_N$$

所以，不能半载起动。

17. 某三相四极绕线型异步电动机，$P_N=150kW$，$U_N=380V$，$n_N=1460r/min$，$f_{N1}=50Hz$，$\lambda_m=2$，试求额定运行时：

（1）同步转速；（2）转差率；（3）临界转差率；（4）额定转矩；（5）最大转矩；（6）固有机械特性表达式；（7）起动转矩。

解：（1）同步转速：$n_1 = \dfrac{60f}{p} = \dfrac{60 \times 50}{2} = 1500r/min$

（2）转差率：$s = \dfrac{n_1 - n_N}{n_1} = \dfrac{1500 - 1460}{1500} = 0.027$

（3）临界转差率：$s_m = s_N \left(\lambda_m + \sqrt{\lambda_m^2 - 1} \right) = 0.027 \times \left(2 + \sqrt{2^2 - 1} \right) = 0.1$

（4）额定转矩：$T_N = 9550 \dfrac{P_N}{n_N} = 9550 \times \dfrac{150}{1460} = 981.2N\cdot m$

（5）最大转矩：$T_m = \lambda_m T_N = 2 \times 981.2 = 1962.4N\cdot m$

（6）固有机械特性表达式：$T_{em} = \dfrac{2T_m}{\dfrac{s}{s_m} + \dfrac{s_m}{s}} = \dfrac{2 \times 1962.4}{\dfrac{s}{0.1} + \dfrac{0.1}{s}} = \dfrac{3924.8}{\dfrac{s}{0.1} + \dfrac{0.1}{s}}$

（7）起动转矩：将 $s=1$ 代入固有机械特性表达式，得：

$$T_{st} = \frac{3924.8}{\dfrac{1}{0.1} + \dfrac{0.1}{1}} = 388.6N\cdot m$$

18. 某三相六极笼型异步电动机，$P_N=7.5kW$，$U_N=380V$，$n_N=950r/min$，$f_{N1}=50Hz$，$\lambda_m=2$，试求额定运行时：

（1）同步转速；（2）转差率；（3）临界转差率；（4）额定转矩；（5）最大转矩；（6）固

有机械特性表达式；（7）该电动机 $s=0.03$ 时的电磁转矩 T_{em}。

解：（1）同步转速：$n_1 = \dfrac{60f}{p} = \dfrac{60 \times 50}{3} = 1000\text{r/min}$

（2）转差率：$s = \dfrac{n_1 - n_N}{n_1} = \dfrac{1000 - 950}{1000} = 0.05$

（3）临界转差率：$s_m = s_N\left(\lambda_m + \sqrt{\lambda_m^2 - 1}\right) = 0.05 \times \left(2 + \sqrt{2^2 - 1}\right) = 0.19$

（4）额定转矩：$T_N = 9550\dfrac{P_N}{n_N} = 9550 \times \dfrac{7.5}{950} = 75.4\text{N•m}$

（5）最大转矩：$T_m = \lambda_m T_N = 2 \times 75.4 = 150.8\text{N•m}$

（6）固有机械特性表达式：$T_{em} = \dfrac{2T_m}{\dfrac{s}{s_m} + \dfrac{s_m}{s}} = \dfrac{2 \times 150.8}{\dfrac{s}{0.19} + \dfrac{0.19}{s}} = \dfrac{301.6}{\dfrac{s}{0.19} + \dfrac{0.19}{s}}$

（7）$s=0.03$ 时，将 $s=0.03$ 代入固有机械特性表达式，得：

$$T_{em} = \dfrac{301.6}{\dfrac{0.03}{0.19} + \dfrac{0.19}{0.03}} = 46.5\text{N•m}$$

三、任务训练

任务1 三相异步电动机的拆装

1. 标出图 12 所示各部分的名称。

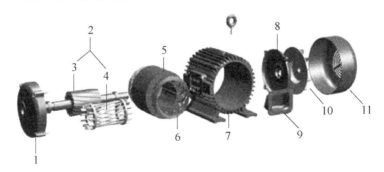

图 12 三相异步电动机结构分解图

2：＿＿＿＿＿＿＿＿＿ "2" 的作用＿＿＿＿＿＿＿＿＿＿＿＿＿＿＿＿＿＿＿＿＿＿＿

3：＿＿＿＿＿＿＿＿＿ "3" 的作用＿＿＿＿＿＿＿＿＿＿＿＿＿＿＿＿＿＿＿＿＿＿＿

4：＿＿＿＿＿＿＿＿＿ "4" 的作用＿＿＿＿＿＿＿＿＿＿＿＿＿＿＿＿＿＿＿＿＿＿＿

5：＿＿＿＿＿＿＿＿＿ "5" 的作用＿＿＿＿＿＿＿＿＿＿＿＿＿＿＿＿＿＿＿＿＿＿＿

6：＿＿＿＿＿＿＿＿＿ "6" 的作用＿＿＿＿＿＿＿＿＿＿＿＿＿＿＿＿＿＿＿＿＿＿＿

7：＿＿＿＿＿＿＿＿＿ "7" 的作用＿＿＿＿＿＿＿＿＿＿＿＿＿＿＿＿＿＿＿＿＿＿＿

1：_____　　8：_____　　9：_____　　10：_____　　11：_____

2. 图 13 所示的是三相异步电动机的接线盒，分别将绕组连成星形联结和三角形联结。

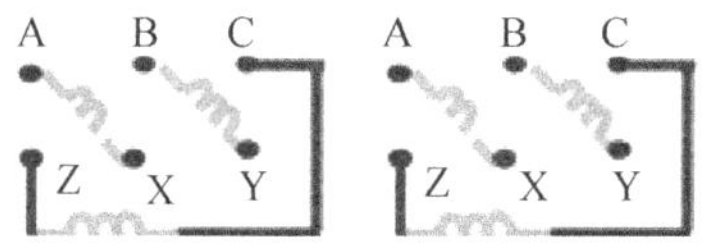

图 13　三相异步电动机的接线盒

异步电动机的铭牌为 220/380V，△/Y 接线，当电源电压为 220V 时应采用什么接线方式？若电源电压为 380V 时又应采用什么接线方式？一台三相异步电动机星形联结和三角形联结，同一相电流一样大吗？请大家实践操作验证自己的观点。

3. 三相异步电动机的工作原理是什么？三相异步电动机又称什么电动机？

4. 如何使三相异步电动机反转？

5. 补充完成图 14 所示三相异步电动机型号中数字、字母的含义，并计算这台三相电动机的同步转速。

图 14　三相异步电动机型号

6. 计算题

一台三相异步电动机，其额定功率为 4.5kW，绕组 Y/△联结，额定电压为 380V/220V，功率因数为 0.88，效率是 0.85，额定转速为 1450r/min，试求：

（1）按 Y 联结及△联结时的额定电流。

（2）同步转速及定子磁极对数。

（3）带额定负载时的转差率。

任务2　三相异步电动机机械特性的求取

1. 图 15 所示的是三相异步电动机的固有机械特性，在图 15（a）中画出降压的人为机械特性，在图 15（b）中画出转子回路串电阻的人为机械特性，总结这两种人为机械特性的特点。通过实验验证额定工作点降压、转子回路串电阻后速度的变化。

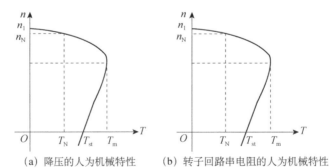

（a）降压的人为机械特性　　（b）转子回路串电阻的人为机械特性

图 15　三相异步电动机的固有机械特性、人为机械特性

2. 图 16 所示的是三相异步电动机的固有机械特性，请写出图 16（a）、图 16（b）中 *A*、*B*、*C*、*D* 点的名称，并在图 16（a）、图 16（b）中标出稳定区和不稳定区。

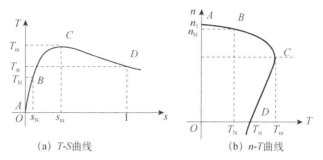

图 16　三相异步电动机的特性曲线

（a）
A：＿＿＿＿＿＿＿＿＿＿＿＿＿
B：＿＿＿＿＿＿＿＿＿＿＿＿＿
C：＿＿＿＿＿＿＿＿＿＿＿＿＿
D：＿＿＿＿＿＿＿＿＿＿＿＿＿

（b）
A：＿＿＿＿＿＿＿＿＿＿＿＿＿
B：＿＿＿＿＿＿＿＿＿＿＿＿＿
C：＿＿＿＿＿＿＿＿＿＿＿＿＿
D：＿＿＿＿＿＿＿＿＿＿＿＿＿

3. 计算题

（1）一台三相绕转子异步电动机，$P_N=75kW$，$n_N=720r/min$，$\lambda_m=2.4$，求：
①临界转差率 s_m 和最大转矩 T_m；②用实用表达式计算并绘制固有机械特性。

（2）一台三相异步电动机的额定数据为 $P_N=7.5kW$，$n_N=1440r/min$，$\lambda_m=2.2$，$f_N=50Hz$，求：
①临界转差率 s_m；②实用机械特性表达式；③电磁转矩为多大时电动机的转速为 1300r/min；
④绘制出电动机的固有机械特性曲线。

任务 3 三相异步电动机的电力拖动

1. 画出鼠笼型三相异步电动机全压起动接线图，按图进行接线、试验，记录电压、电流、转速数据。逐步降低电压，观察电流、转速变化情况，将数据填入表 1 中，并得出降压以后对电动机性能影响的结论。

表 1 鼠笼型三相异步电动机全压起动实验数据记录表

序号	电压/V	电流/A	转速/（r/min）
1			
2			
3			
4			
5			

2. 画出三相鼠笼型异步电动机星形—三角形起动接线图，按图进行操作，得出星形—三角形起动和直接起动电流、转矩之间的关系。

3. 计算题

一台三相六极鼠笼型异步电动机，已知 P_N=7.5kW，U_N=380V，n_N=950r/min，λ_m=2，f_N=50Hz，求：（1）该电动机在 s=0.03 时的电磁转矩 T_{em}；（2）如不采用其他措施，能否带动 T_L=60N·m 的负载转矩？

4. 简答题

（1）比较异步电动机不同起动方法的优缺点。

（2）电梯电动机变极调速和车床切削电动机的变极调速，定子绕组应采用什么样的改接方法？为什么？

任务4 三相异步电动机的电气检查

1. 测量三相异步电动机三相定子绕组的直流电阻值，每相测量三次，计算平均值，记录在表2中。

表2 三相异步电动机三相定子绕组的直流电阻值记录表

序号	A 相直流电阻/Ω	B 相直流电阻/Ω	C 相直流电阻/Ω
1			
2			
3			
平均值			

简述测量三相异步电动机三相定子绕组直流电阻值的方法：

2. 使用兆欧表检查异步电动机的绝缘性能，并将检查结果记录在表3中。注：检查时将星点解开，使三相绕组的6个端子独立。检查时，如果绝缘性能良好打"√"，不绝缘打"×"。

表3 三相异步电动机绝缘性能记录表

项目	A 相对地	B 相对地	C 相对地	AB 相之间	BC 相之间	CA 相之间
绝缘情况						

简述测量三相异步电动机绝缘性能的方法：

3. 画出三相异步电动机空载性能接线图，按图接线，将实验数据记录在表4中，并计算励磁参数。

（1）接线图：

（2）实验数据：

将三相异步电动机空载性能数据记录于表 4 中。

表 4　三相异步电动机空载性能数据表

U_0/V							
I_0/A							
P_0/W							

（3）励磁参数计算：

四、摸底自测

任务 1　三相异步电动机的原理、结构知识点自测

（一）填空题

1. 三相异步电动机按其转子结构形式分为_____和_____。

2. 三相异步电动机主要由_____和_____两大部分组成。

3. 异步电动机也称为_____。

4. 当三相异步电动机的转差率 s 为 0.04 时，电网频率为 50Hz，二极异步电动机转子的转速为_____ r/min。

5. 某三相异步电动机的额定转速 n_N=960r/min，则其同步速度 n_1=_____，转差率 s=_____，磁极对数 P=_____。

6. 电动机的额定功率是指_____。

7. 三相异步电动机旋转磁场的转速取决于_____。

8. 异步电动机转差率范围是_____。

9. 三相异步电动机改变转向的方法是_____。

10. 三相异步电动机按照转子结构不同可分为两大类：_____和_____。

11. 三相旋转磁势的转速与_____成正比，与_____成反比。

12. 三相异步电动机最大电磁转矩与转子回路电阻之间的关系是_____，临界转差率与转子电阻之间的关系是_____。

（二）判断题（对的打"√"，错的打"×"）

（　　）1. 单相绕组通入正弦交流电流时，产生的是脉振磁势。

（　　）2. 绕线型三相异步电动机应用于拖动重载和频繁起动的生产机械。

（　　）3. 改变电流的相序，就可以改变旋转磁场的旋转方向。

（　　）4. 三相异步电动机的转子旋转方向与定子旋转磁场的方向相同。

（　　）5. 三相异步电动机若转差率在 0～1 之间，一定运行在电动机状态。

（　　）6. 三相异步电动机转子不动时，转子绕组电流的频率与定子绕组电流的频率相同。

（　　）7. 异步电动机的转子绕组必须是闭合短路的。

（　　）8. 异步电动机工作时转子的转速总是小于同步转速。

（　　）9. 异步电动机的功率因数总是滞后的。

（　　）10. 运行中的三相异步电动机一相断线后，会因失去转矩而渐渐停下来。

（　　）11. 绕线型三相异步电动机可在转子回路开路后继续运行。

（　　）12. 三相异步电动机固有机械特性只有一条，而人为机械特性有无数条。

（三）选择题

1. 三相绕组的相带应按（　　）的分布规律排列。

A. U1—W2—V1—U2—W1—V2　　　　　　B. U1—V1—W1—U2—V2—W2

C. U1—U2—V1—V2—W1—W2　　　　　　D. U1—W1—V1—U2—W2—V2

2. 一台 4 极三相异步电动机定子槽数为 24，槽距电角为（　　）。

A. 15°　　　　　　B. 30°　　　　　　C. 60°　　　　　　D. 45°

3. 三相绕组在空间位置应互相间隔（　　）。

A. 180°　　　　　　B. 120°　　　　　　C. 90°　　　　　　D. 360°

4. 改变三相异步电动机转子旋转方向的方法是（　　）。

A. 改变三相异步电动机的接法方式　　　　B. 改变定子绕组电流相序

C. 改变电源电压　　　　　　　　　　　　D. 改变电源频率

5. 一台三相四极的异步电动机，当电源频率为 50Hz 时，它的旋转磁场的速度应为（　　）。

A. 750r/min　　　　　B. 1000r/min　　　　　C. 1500r/min　　　　　D. 3000r/min

6. 三相异步电动机空载时气隙磁通的大小主要取决于（　　）。

A. 电源电压　　　　　　　　　　　　　　B. 气隙大小

C. 定、转子铁芯材质　　　　　　　　　　D. 定子绕组的漏阻抗

7. U_N、I_N、η_N、$\cos\varphi_N$ 分别是三相异步电动机额定线电压、线电流、效率和功率因数，则三相异步电动机额定功率 P_N 为（　　）。

　　A. $\sqrt{3}U_N I_N \eta_N \cos\varphi_N$　　　　　　　　B. $\sqrt{3}U_N I_N \cos\varphi_N$

　　C. $\sqrt{3}U_N I_N$　　　　　　　　　　　　D. $\sqrt{3}U_N I_N \eta_N$

8. 三相异步电动机的气隙圆周上形成的磁场为＿＿＿＿＿，直流电动机气隙磁场为＿＿＿＿＿，变压器磁场为＿＿＿＿＿。（　　）

　　A. 恒定磁场、脉振磁场、旋转磁场　　　B. 旋转磁场、恒定磁场、旋转磁场

　　C. 旋转磁场、恒定磁场、脉振磁场

9. 绕线型异步电动机，定子绕组通入三相交流电流，旋转磁场正转，转子绕组开路，此时电动机会（　　）。

　　A. 正向旋转　　　　B. 反向旋转　　　　C. 不会旋转

10. 一台异步电机，其 $1<s<\infty$，此时电机运行状态是（　　）。

　　A. 发电机　　　　　B. 电动机　　　　　C. 电磁制动

11. 异步电动机空载电流比同容量变压器大，其原因是（　　）。

　　A. 异步电动机的损耗大　　　　　　B. 异步电动机是旋转的

　　C. 异步电动机气隙较大　　　　　　D. 异步电动机漏抗较大

（四）简答题

1. 一台三相异步电动机若将转子卡住不动，在定子绕组上加额定电压，此时电动机的定子和转子绕组中的电流及电动机的温度将如何变化？为什么？

2. 请简述三相异步电动机的结构和工作原理。

（五）计算题

1. 一台△联结的异步电动机，P_N=7.5kW，U_N=380V，n_N=1440r/min，η_N=87%，$\cos\varphi_N$=0.82，求其额定电流和相电流。

2. 一台 P_N=4.5kW、Y/△联结、380/220V，η_N=0.8、n_N=1450r/min、$\cos\varphi_N$=0.8 的三相异步电动机，试求：（1）接成 Y 联结及△联结时的额定电流；（2）同步转速 n_1 及定子磁极对数 p；（3）带额定负载时的转差率 s_N？

任务 2　三相异步电动机的电力拖动知识点自测

（一）填空题

1. 三相鼠笼型异步电动机直接起动时，起动电流可达到额定电流的_____倍。

2. 三相鼠笼型异步电动机铭牌上标明："额定电压 380 伏，接法△"。当这台电动机采用星形—三角形换接降压起动时，定子绕组在起动时接成_____，运行时接成_____。

3. 三相鼠笼型异步电动机降压起动的方法有_____、_____和_____。

4. 三相绕线型异步电动机起动时，为减小起动电流，增加起动转矩，须在转子回路中串接_____或_____。

5. 双鼠笼型异步电动机与普通笼型异步电动机相比，其起动转矩_____，功率因数_____。

6. 三相异步电动机的调速方法有_____、_____和_____。

7. 在变极调速中，若电动机从高速变为低速或者相反，电动机的转向将_____。

8. 变频调速对于恒功率和恒转矩负载，电压与频率的变化之比是_____。

9. 绕线型异步电动机一般采用_____的调速方法。

10. 当 s 在（$0<s<1$）范围内，三相异步电机运行于电动机状态，此时电磁转矩性质为_____；在（$-\infty<s<0$）范围内运行于发电机状态，此时电磁转矩性质为_____。

11. 三相异步电动机最大电磁转矩与转子回路电阻之间的关系是_____,临界转差率与转子电阻之间的关系是_____。

12. 三相异步电动机起动转矩与电源电压之间的关系是_____。

13. 当起动转矩等于最大转矩时，临界转差率等于_____。

14. 一台三相异步电动机，起动转矩倍数为 1.2，起动电流倍数为 5。若起动时电源电压为额定电压的 80%，则起动电流倍数为_____，起动转矩倍数为_____。

15. 三相异步电动机电磁转矩是由_____和_____共同作用产生的。

16. 鼠笼型异步电动机降压起动适用于轻载起动的原因是_____。

17. 频敏变阻器的电阻值随转子转速上升而_____。

（二）判断题（对的打"√"，错的打"×"）

（　　）1. 鼠笼型异步电动机采用降压起动的目的是降低起动电流，同时增加起动转矩。

（　　）2. 星形—三角形换接降压起动，起动电流和起动转矩都减小为直接起动时的 1/3 倍。

（　　）3. 绕线型异步电动机转子串入频敏变阻器，实质上是串入一个随转子电流频率而变化的可变阻抗，与转子回路串入可变电阻器起动的效果是相似的。

（　　）4. 异步电动机可以改变极对数进行调速。

（　　）5. 三相异步电动机的端电压按不同规律变化，变频调速的方法具有优异的性能，适应于不同的负载。

（　　）6. 异步电动机在满载运行时，若电源电压突然降低到允许范围以下时，三相异步电动机转速下降，三相电流同时减小。

（　　）7. 在绕线型三相异步电动机转子回路中所串电阻越大，其起动转矩越大。

（　　）8. 电源电压的改变不仅会引起异步电动机最大电磁转矩的改变，还会引起临界转差率的改变。

（　　）9. 三相异步电动机变极调速适用于鼠笼型转子异步电动机。

（　　）10. 三相异步电动机在满载和空载情况下的起动电流和起动转矩是一样的。

（三）选择题

1. 三相异步电动机采用直接起动方式时，在空载时的起动电流与负载时的起动电流相比较，应为（　　）。

A. 空载时小于负载时　　　　　　　　B. 负载时小于空载时

C. 一样大

2. 三相鼠笼型异步电动机采用 Y—△换接降压起动，其起动电流和起动转矩为直接起动的（　　）。

A. $1/\sqrt{3}$　　　　　B. 1/3　　　　　C. $1/\sqrt{2}$　　　　　D. 1/2

3. 三相鼠笼型异步电动机采用起动补偿器起动，其起动电流和起动转矩为直接起动的（　　）。

A. $1/K_A^2$　　　　　B. $1/K_A$　　　　　C. K_A　　　　　D. K_A^2

4. 线绕型异步电动机在转子绕组中串变阻器起动，（　　）。

A. 起动电流减小，起动转矩减小　　　　B. 起动电流减小，起动转矩增大

C. 起动电流增大，起动转矩减小　　　　D. 起动电流增大，起动转矩增大

5. 在变频调速时，对于恒转矩负载，电压与频率的变化关系是（　　）。

A. $U_1/\sqrt{f_1}$　　　　B. $\sqrt{f_1}/U_1$　　　　C. U_1/f_1　　　　D. $f_1/\sqrt{U_1}$

6. 三相鼠笼型异步电动机能耗制动是将正在运转的电动机从交流电源上切除后，（　　）。

A. 在定子绕组中串入电阻　　　　　　B. 在定子绕组中通入直流电流

C. 重新接入反相序电源　　　　　　　D. 以上说法都不正确

7. 一单绕组双速电动机，绕组接线图如图 17 所示，高速时端子该如何接（　　）。

A. 1，2，3 接电源，4，5，6 空着

B. 1，2，3 接电源，4，5，6 短接

C. 4，5，6 接电源，1，2，3 空着

D. 4，5，6 接电源，1，2，3 短接

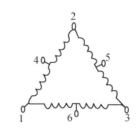

图 17 双速电机绕组接线图

8. 采用频敏变阻器起动控制的优点是（　　）。

A. 起动转矩平稳，电流冲击大　　　　　B. 起动转矩大，电流冲击大

C. 起动转矩平稳，电流冲击小　　　　　D. 起动转矩小，电流冲击大

9. 一台额定电压为 220V 的三相异步电动机定子绕组采用△接线，若起动时定子绕组改成 Y 接线，且接在 380V 的交流电源上，则电机的（　　）。

A. 起动转矩增大　　B. 起动转矩减少　　C. 起动转矩不变。

10. 鼠笼型异步电动机起动时，在定子绕组中串入电阻，起动转矩（　　）。

A. 提高　　　　　　B. 减小　　　　　　C. 保持不变

（四）简答题

1. 普通鼠笼型感应电动机在额定电压下起动时，为什么起动电流很大，而起动转矩并不大？

2. 什么叫三相异步电动机的降压起动？有哪几种降压起动的方法？

（五）计算题

1. 有一台三相异步电动机，其铭牌数据为：30kW，1470r/min，380V，△接法，η=82.2%，$\cos\varphi$=0.87，起动电流倍数为 I_{st}/I_N=6.5，起动转矩倍数为 T_{st}/T_N=1.6，采用 Y—△换接降压起动，试求：（1）该电机的额定电流；（2）电动机的起动电流和起动转矩？

2. 一台三相绕线型转子异步电动机，P_N=75kW，n_N=720r/min，λ_m=2.4，求：

（1）临界转差率 s_m 和最大转矩 T_m；

（2）求机械特性实用表达式；

（3）绘制固有机械特性曲线并标出起动点、同步点、最大转矩点。

项目 3　变压器的性能测试、同名端、联结组判定

一、学习要点

1. 掌握变压器的基本工作原理、基本结构与铭牌数据。
2. 掌握变压器变压、变流、变阻抗的作用。
3. 熟练掌握变压器额定参数的计算方法。
4. 掌握变压器的变比、励磁参数的测定方法。
5. 掌握变压器的同极端的概念，能使用直流法、交流法判定变压器的同极性端。
6. 熟练掌握变压器联结组别的判定方法。
7. 掌握变压器并联运行的理想条件。
8. 了解自耦变压器和仪用互感器的工作原理与特点。

二、典型例题

1. 变压器由哪两部分组成，其功能是什么？请列举三种变压器附件的名称，简述其作用。

答：变压器由铁芯和绕组两部分组成。

铁芯：构成变压器的磁路，同时又起着器身的骨架作用。

绕组：构成变压器的电路，它是变压器输入和输出电能的电气回路。

变压器的三种主要附件是：分接开关、油箱和冷却装置、绝缘套管。

分接开关：变压器为了调压而在高压绕组引出分接头，分接开关用以切换分接头，从而实现变压器调压。

油箱和冷却装置：油箱容纳器身，盛变压器油，兼有散热冷却作用。

绝缘套管：变压器绕组引线需借助于绝缘套管与外电路连接，使带电的绕组引线与接地的油箱绝缘。

2. 变压器空载运行时，是否要从电网中取得功率？起什么作用？为什么小负荷的用户使

用大容量变压器无论对电网还是对用户都不利？

答：要从电网取得功率，供给变压器本身功率损耗，它转化成热能散逸到周围介质中。小负荷用户使用大容量变压器时，在经济和技术两方面都不合理。对电网来说，由于变压器容量大，励磁电流较大，而负荷小，电流负载分量小，使电网功率因数降低，输送有功功率能力下降，对用户来说，投资增大，空载损耗也较大，变压器效率低。

3. 为什么要把变压器的磁通分成主磁通和漏磁通，它们有哪些区别？

答：由于磁通所经过的路径不同，把磁通分成主磁通和漏磁通，便于分别考虑它们各自的特性，从而把非线性问题和线性问题分别予以处理。

主磁通和漏磁通的区别如下。

（1）在路径上，主磁通经过铁芯磁路闭合，而漏磁通经过非铁磁性物质磁路闭合。

（2）在数量上，主磁通约占总磁通的 99% 以上，而漏磁通却不足 1%。

（3）在性质上，主磁通磁路饱和，Φ_0 与 I_0 呈非线性关系，而漏磁通磁路不饱和，$\Phi_{1\sigma}$ 与 I_1 呈线性关系。

（4）在作用上，主磁通在二次绕组中感应电动势，接上负载就有电能输出，起传递能量的媒介作用，而漏磁通仅在本绕组中感应电动势，只起了漏抗压降的作用。

4. 变压器铁芯的作用是什么？为什么要用 0.35mm 厚、表面涂有绝缘漆的硅钢片叠成？

答：变压器的铁芯构成变压器的磁路，同时又起着器身的骨架作用。为了减小铁芯损耗，采用 0.35mm 厚、表面涂的绝缘漆的硅钢片迭成。

5. 变压器一次绕组若接在直流电源上，二次绕组会有稳定的直流电压吗？为什么？

答：不会。因为接直流电源，稳定的直流电流在铁芯中产生恒定不变的磁通，其变化率为零，不会在绕组中产生感应电动势。

6. 三相心式变压器和三相组式变压器相比，具有哪些优点？在测取三相心式变压器的空载电流时，为何中间一相的电流小于两边相的电流？

答：三相心式变压器省材料，效率高，占地少，成本低，运行维护简单，但它具有下列缺点：

（1）在电站中，为了防止因电气设备的损坏而造成停电事故，往往一相发生事故，整个变压器都要拆换，但如果选用三相组式变压器，一相出了事故只要拆换该相变压器即可，所以三相心式变压器的备用容量是三相组式变压器的三倍，增加了建设电站的成本。

（2）在巨型变压器中，选用三相组式变压器，每个单台变压器的容量只有总容量的三分之一，故重量轻，运输方便。

（3）由于心式变压器三相磁路不对称，中间铁芯柱磁路短，磁阻小，在电压对称时，该相所需励磁电流小。

7. 变压器并联运行的理想条件是什么？

答：变压器并联运行的理想条件是：①变比相等；②连接组别相同；③短路阻抗的标幺值相等，短路阻抗角相等。

8. 使用电流互感器时须注意哪些事项？

答：使用电流互感器时，须注意以下三点：

（1）二次侧绝对不许开路。因为二次侧开路时，电流互感器处于空载运行状态，此时一次侧被测线路电流全部为励磁电流，使铁芯中磁通密度明显增大。这一方面使铁损耗急剧增加，铁芯过热甚至烧坏绕组；另一方面将使二次侧感应出很高电压，不但使绝缘击穿，而且危及工作人员和其他设备的安全。因此在一次电路工作时如需检修和拆换电流表或功率表的电流线圈，必须先将互感器二次侧短路。

（2）为了使用安全，电流互感器的二次绕组必须可靠接地，以防止绝缘击穿后，电力系统的高电压传到低压侧，危及二次设备及操作人员的安全。

（3）电流互感器有一定的额定容量，使用时二次侧不宜接过多的仪表，以免影响互感器的准确度。

9. 使用电压互感器时须注意哪些事项？

答：使用电压互感器时，须注意以下三点：

（1）使用时电压互感器的二次侧不允许短路。电压互感器正常运行时接近空载，如二次侧短路，则会产生很大的短路电流，绕组将因过热而烧毁。

（2）为安全起见，电压互感器的二次绕组连同铁芯一起，必须可靠接地。

（3）电压互感器有一定的额定容量，使用时二次侧不宜接过多的仪表，以免影响互感器的准确度。

10. 有一台单相变压器，$S_N = 50\text{kV·A}$，$\dfrac{U_{1N}}{U_{2N}} = 10500\text{V}/230\text{V}$，试求一、二次绕组的额定电流。

解：$S_N = U_{1N}I_{1N}$，$I_{1N} = \dfrac{S_N}{U_{1N}} = \dfrac{50 \times 10^3}{10500} = 4.76\text{A}$

$S_N = U_{2N}I_{2N}$，$I_{2N} = \dfrac{S_N}{U_{2N}} = \dfrac{50 \times 10^3}{230} = 217.39\text{A}$

11. 有一台 $S_N = 5000\text{kV·A}$，$\dfrac{U_{1N}}{U_{2N}} = 10\text{kV}/6.3\text{kV}$，Yd 联结的三相变压器，试求：（1）变压器的额定电压和额定电流；（2）变压器一、二次绕组的额定电压和额定电流。

解：（1）变压器的额定电压：$U_{1N} = 10\text{kV}$，$U_{2N} = 6.3\text{kV}$

变压器一次侧额定电流：

$$I_{1N} = \frac{S_N}{\sqrt{3}U_{1N}} = \frac{5000}{\sqrt{3} \times 10} = 288.7\text{A}$$

变压器二次侧额定电流：

$$I_{2N} = \frac{S_N}{\sqrt{3}U_{2N}} = \frac{5000}{\sqrt{3} \times 6.3} = 458.2\text{A}$$

（2）由于变压器一次侧为 Y、二次侧为 d 连接。

变压器一、二次绕组的额定电压：

$$U_{1N\phi} = \frac{U_{1N}}{\sqrt{3}} = \frac{10}{\sqrt{3}} = 5.78\text{kV}$$

$$U_{2N\phi} = U_{2N} = 6.3\text{kV}$$

变压器一、二次绕组的额定电流：

$$I_{1N\phi} = I_{1N} = 288.7\text{A}$$

$$I_{2N\phi} = \frac{I_{2N}}{\sqrt{3}} = \frac{458.2}{\sqrt{3}} = 264.6A$$

12. 有一台单相变压器，额定容量为 5kV，高、低压绕组均由两个线圈组成，高压边每个线圈的额定电压为 1100V，低压边每个线圈的额定电压为 110V，现将它们进行不同方式的联结。试问：可得几种不同的变比？每种联结时，高、低压边的额定电流为多少？

解：根据原、副线圈的串、并联有 4 种不同联结方式：

（1）原串、副串：

$$K = \frac{2U_{1N}}{2U_{2N}} = \frac{2 \times 1100}{2 \times 110} = 10$$

$$I_{1N} = \frac{S_N}{2U_{1N}} = \frac{5 \times 10^3}{2 \times 1100} = 2.273A$$

$$I_{2N} = \frac{S_N}{2U_{2N}} = \frac{5 \times 10^3}{2 \times 110} = 22.73A$$

（2）原串、副并：

$$K = \frac{2U_{1N}}{U_{2N}} = \frac{2 \times 1100}{110} = 20$$

$$I_{1N} = \frac{S_N}{2U_{1N}} = \frac{5 \times 10^3}{2 \times 1100} = 2.273A$$

$$I_{2N} = \frac{S_N}{U_{2N}} = \frac{5 \times 10^3}{110} = 45.45A$$

（3）原并、副串：

$$K = \frac{U_{1N}}{2U_{2N}} = \frac{1100}{2 \times 110} = 5$$

$$I_{1N} = \frac{S_N}{U_{1N}} = \frac{5 \times 10^3}{1100} = 4.545A$$

$$I_{2N} = \frac{S_N}{2U_{2N}} = \frac{5 \times 10^3}{2 \times 110} = 22.73A$$

（4）原并、副并：

$$K = \frac{U_{1N}}{U_{2N}} = \frac{1100}{110} = 10$$

$$I_{1N} = \frac{S_N}{U_{1N}} = \frac{5 \times 10^3}{1100} = 4.545A$$

$$I_{2N} = \frac{S_N}{U_{2N}} = \frac{5 \times 10^3}{110} = 45.45A$$

13. 一台单相变压器，S_N=250kV·A，$\frac{U_{N1}}{U_{N2}} = \frac{6000}{230}$，低压侧做空载实验，$U_2 = U_{N2} = 230V$，$I_2 = I_{20} = 60A$，$p_0 = 1270W$；高压边做短路实验，$U_1 = U_{sh} = 254V$，$I_1 = I_{N1} = 41.7A$，$p_{sh} = 3630W$，用简化等效电路求二次侧满载、$\cos\varphi_2$ 为 0.8（滞后）时的电压调整率和二次侧输出的电压。

解：画出图 18 所示电路。

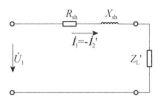

图 18　题 13 的简化等效电路

变比 k：

$$k = \frac{U_{N1}}{U_{N2}} = \frac{6000}{230} = 26.1$$

一次侧电流：

$$I_{N1} = \frac{S_N}{U_{N1}} = \frac{250 \times 10^3}{6000} = 41.7\text{A}$$

一次侧阻抗的基值：

$$Z_{N1} = \frac{U_{N1}}{I_{N1}} = \frac{6000}{41.7} = 143.9$$

一次侧测得的短路阻抗：

$$Z_{sh} = \frac{U_{sh}}{I_{sh}} = \frac{254}{41.7} = 6.09\Omega$$

短路电阻：

$$R_{sh} = \frac{p_{sh}}{I_{sh}^2} = \frac{3630}{41.7^2} = 2.09\Omega$$

短路电抗：

$$X_{sh} = \sqrt{Z_{sh}^2 - R_{sh}^2} = \sqrt{6.09^2 - 2.09^2} = 5.72\Omega$$

短路电阻的标幺值：

$$R_{sh}^* = \frac{R_{sh}}{Z_{N1}} = \frac{2.09}{143.9} = 0.01452$$

短路电抗的标幺值：

$$X_{sh}^* = \frac{X_{sh}}{Z_{N1}} = \frac{5.72}{143.9} = 0.03975$$

满载时：

$$I_1^* = 1$$

$\cos\varphi_2$ 为 0.8 时：

$$\Delta u = I_1^* \left(R_{sh}^* \cos\varphi_2 + X_{sh}^* \sin\varphi_2 \right)$$
$$= 1 \times (0.01452 \times 0.8 + 0.03975 \times 0.6) = 0.03545$$
$$U_2^* = 1 - \Delta u = 1 - 0.03545 = 0.965$$
$$U_2 = U_2^* U_{N2} = 0.965 \times 230 = 221.95\text{V}$$

14. 两台变压器并联运行，均为 Yd11 联结，$\dfrac{U_{N1}}{U_{N2}} = \dfrac{35\text{kV}}{10\text{kV}}$，$S_{N\alpha} = 1600\text{kV·A}$，$Z_{sh\alpha}^* = 0.08$，$S_{N\beta} = 1000\text{kV·A}$，$Z_{sh\beta}^* = 0.06$。当负载为 2600kV·A 时，试求每台变压器的电流，输出容量。

解：画出图 19 所示等效电路。

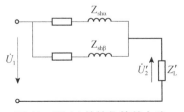

图 19　题 14 的简化等效电路

变压器的电流、输出容量：

$$I = I_\alpha + I_\beta = \frac{S}{\sqrt{3}U_N} = \frac{2600}{\sqrt{3} \times 35} = 42.9A$$

$$\frac{I_\alpha}{I_\beta} = \frac{S_{N\alpha}}{Z_{sh\alpha}^*} \bigg/ \frac{S_{N\beta}}{Z_{sh\beta}^*} = \frac{1600 \times 10^3}{0.08} \times \frac{0.06}{1000 \times 10^3} = 1.2$$

$$I_\alpha + I_\beta = 1.2I_\beta + I_\beta = 42.9A$$

$$I_\beta = 19.5A \qquad I_\alpha = 23.4A$$

$$\frac{S_\alpha}{S_\beta} = \frac{I_\alpha}{I_\beta} = 1.2$$

$$S_\alpha + S_\beta = 1.2S_\beta + S_\beta = 2600kV\cdot A$$

$$S_\beta = 1182kV\cdot A$$

$$S_\alpha = 1418kV\cdot A$$

15. 画出下列变压器的联结组

（1）图 20 所示为 Yy0 的联结组。

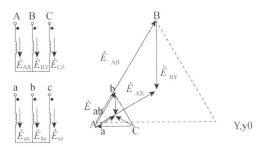

图 20　变压器 Yy0 的联结组

（2）图 21 所示为 Yd1 的联结组。

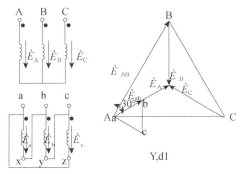

图 21　变压器 Yd1 的联结组

（3）图 22 所示为 Yd5 的联结组。

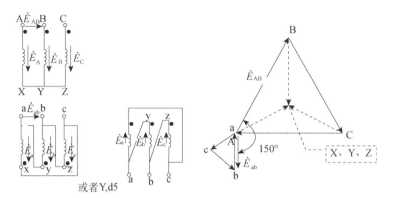

图 22　变压器 Yd5 的联结组

三、任务训练

任务 1　单相变压器的性能测试

1. 标出图 23 指定部分的名称、作用。

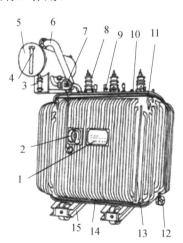

图 23　变压器的结构

5：_____　"5" 的作用_____

10：_____　"10" 的作用_____

8：_____　9：_____

1：_____　11：_____

变压器的主要作用是：_____、_____、_____

变压器的工作原理是：_____

2. 画出单相变压器的变比测试接线图，按图接线操作，将测量数据记录在表 5 中。

（1）接线图。

（2）实验数据及变比计算。

将变压器变比实验数据记录于表 5 中。

表 5　变压器变比实验数据记录表

U_{ax}/V	U_{AX}/V

3. 画出单相变压器的空载实验接线图，按图接线操作，将测量数据记录在表 6 中。

（1）接线图。

（2）实验数据及励磁参数计算。

表 6　变压器空载实验数据记录表

U/V						
I/mA						
P/W						

4. 计算题

有一台 S_N=5000kV·A，U_{1N}/U_{2N}=10kV/6.3kV，Y，d 联结的三相变压器，试求：

（1）变压器的额定电压和额定电流。

（2）变压器一、二次绕组的额定电压和额定电流。

任务 2　变压器同名端、联结组的判定

1. 画出直流法判定变压器的同名端的接线图，按图操作，写出实验步骤。

（1）接线图。

（2）实验步骤及结论。

2. 画出交流法判定变压器的同名端的接线图，按图操作，写出实验步骤。

（1）接线图。

（2）实验步骤。

（3）实验数据及结论。

3. 判定图 24 所示各变压器的联结组别。

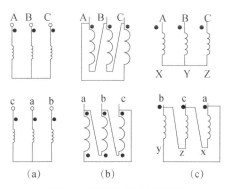

（a）　　　　　　　（b）　　　　　　　（c）

图 24　变压器的联结组别

四、摸底自测

（一）填空题

1. 一台接到电源频率固定的变压器，在忽略漏阻抗压降的条件下，其主磁通的大小决定于_____的大小，而与磁路的_____基本无关，其主磁通与励磁电流成_____关系。

2. 变压器铁芯导磁性能越好，其励磁电抗_____，励磁电流_____。

3. 变压器带负载运行时，若负载增大，其铁损耗将_____，铜损耗将_____。

4. 变压器运行时效率高低决定于_____、_____、_____、_____。

5. 变压器短路阻抗越大，其电压变化率就_____，短路电流就_____。

6. 变压器等效电路中的 X_m 是对应于_____的电抗，r_m 是表示_____的等效电阻。

7. 变压器并联运行条件是：_____、_____、_____。

8. 变压器接电源绕组为_____绕组，接负载绕组为_____绕组。

9. 油浸变压器油的作用是_____和_____。

10. 三相变压器的联结组别不仅与绕组的_____和_____有关，而且还与三相绕组的_____有关。

11. 自耦变压器特点在于原、副绕组之间不仅有_____联系，而且还有_____联系。

12. 三相组式变压器各相磁路特点为彼此_____，三相心式变压器各相磁路特点为彼此_____。

13. 变压器带负载运行时，负载电流增大，一次侧电流会_____，励磁电流_____，铜损耗会_____。

（二）判断题（对的打"√"，错的打"×"）

（　　）1. 一台变压器原边电压 U_1 不变，副边接电阻性负载或接电感性负载，如负载电流相等，则两种情况下，副边电压也相等。

（　　）2. 变压器在原边外加额定电压不变的条件下，副边电流大，导致原边电流也大，因此变压器的主要磁通也大。

（　　）3. 变压器的漏抗是个常数，而其励磁电抗却随磁路的饱和而减小。

（　　）4. 使用电压互感器时其二次侧不允许短路，而使用电流互感器时二次侧则不允许开。

（　　）5. 三相变压器额定电压指额定线电压。

（　　）6. 变压器外加电源电压及频率不变时，其主磁通大小基本不变。

（　　）7. 三相心式变压器的磁路各相相互联系，彼此相关。

（　　）8. Y，d 联结组与 Y，y 联结组的三相变压器不存在并联的可能性。

（　　）9. 变压器的漏抗是个常数，且数值很小。

（　　）10. 电流互感器的副边不许开路，电压互感器的副边不许短路。

（　　）11. 变压器的空载损耗可以近似看成是铁耗。

（　　）12. 变压器的短路实验一般在高压侧进行。

（三）选择题

1. 变压器空载电流小的原因是（　　）。

A. 一次绕组匝数多，电阻很大　　　　B. 一次绕组的漏抗很大

C. 变压器的励磁阻抗很大　　　　　　D. 变压器铁芯的电阻很大

2. 变压器空载损耗（　　）。

A. 全部为铜损耗　　　　　　　　　　B. 全部为铁损耗

C. 主要为铜损耗　　　　　　　　　　D. 主要为铁损耗

3. 一台变压器原边接在额定电压的电源上，当副边带纯电阻负载时，则从原边输入的功率（　　）。

A. 只包含有功功率　　　　　　　　　B. 只包含无功功率

C. 既有有功功率，又有无功功率　　　D. 为零

4. 在变压器中，不考虑漏阻抗压降和饱和的影响，若原边电压不变，铁芯不变，而将匝数增加，则励磁电流（　　）。

A. 增大　　　　　B. 减小　　　　　C. 不变　　　　　D. 基本不变

5. 一台变压器在_____时效率最高。（　　）

A. $\beta=1$　　　　B. P_0/P_k=常数　　　　C. $P_{Cu}=P_{Fe}$　　　　D. $S=S_N$

（四）简答题

1. 为什么变压器的空载损耗可近似看成铁损耗，而短路损耗可近似看成为铜损耗？

2. 变压器一次线圈若接在直流电源上，二次线圈会有稳定直流电压吗？为什么？

3. 变压器的原、副边额定电压都是如何定义的？

4. 变压器并联运行的条件是什么？哪一个条件要求绝对严格？

（五）计算题

1. 三相变压器额定容量为 20kV·A，额定电压为 10/0.4kV，采用 Y，y0 联结，高压绕组匝数为 3300 匝，试求

（1）变压器高压侧和低压侧的额定电流；（2）高压和低压侧的额定相电压；（3）低压绕组的匝数。

2. 一台三相铜线电力变压器额定数据为：S_N=750kV·A，U_{1N}/U_{2N}=10000/400，采用 Y，yn0 联结，实验数据如表 7 所示（实验时室温 25℃）。

表 7　三相变压器实验数据记录表

实验名称	电压/V	电流/A	功率/W	电源加在
空载	400	60	3800	低压侧
短路	440	43.3	10900	高压侧

（1）计算出折算到高压侧的励磁参数、短路参数。

（2）画出 T 型等效电路，将各参数的欧姆值标于图中。

（3）当额定负载且 $\cos\varphi_2$=0.8（超前）时的电压变化率、二次端电压值、效率。

项目 4　常用控制电机

一、学习要点

1. 熟练掌握直流伺服电动机的结构、性能、工作原理。
2. 熟练掌握交流伺服电动机的结构、性能、工作原理、控制方式。
3. 掌握测速发电机的结构和工作原理。
4. 熟练掌握步进电机的结构、性能、工作原理、相关计算。
5. 了解控制电机在生产领域中的实际应用。
6. 会正确选用控制电机。

二、典型例题

1. 当直流伺服电动机励磁电压和控制电压不变时，若将负载转矩减小，试问此时电枢电流、电磁转矩、转速将如何变化？

答：当直流伺服电动机励磁电压和控制电压不变时，若负载转矩减小，电磁转矩也减小，电枢电流减小，转速上升。

2. 为什么交流伺服电动机的转子电阻值要相当大？

答：交流伺服电动机在制造时，适当加大转子电阻可以克服交流伺服电动机的"自转"现象，同时还可改善交流伺服电动机的性能。

3. 直流测速发电机误差产生的原因及解决方法？

答：直流测速发电机误差产生的原因是：温度、电枢反应、纹波、延迟换向和电刷接触压降。

解决方法：

（1）可在励磁回路中串联负温度系数的热敏电阻并联网络。

（2）限制最高转速，限制最低负载。电枢电流所产生的电枢磁场对主磁场有减弱作用，使合成磁场的波形发生畸变，并且负载电阻越小或者转速越高时，电枢电流就越大，磁场的削弱作用就越强，造成输出特性的非线性。

（3）减小纹波。增加每极下的串联元件数，保证定转子的同心度。

（4）延迟换向（限速）。

（5）降低电刷接触压降（采用银-石墨电刷）。

4. 一台直流伺服电动机，额定转速为 3000 r/min，如果电枢电压和励磁电压均为额定值，试问该电动机是否允许在转速 n=2500r/min 下长期运转？为什么？

答：不能，因为根据电压平衡方程式，若电枢电压和励磁电压均为额定值，在转速小于额定转速的情况下，电动机的电枢电流必然大于额定电流，电动机的电枢电流长期大于额定电流，必将烧坏电动机的电枢绕组。

5. 直流伺服电动机在不带负载时，其调节特性有无死区？调节特性死区的大小与哪些因素有关？

答：有，因为即使伺服电动机不带负载，电动机也有空载阻转矩，死区电压 $U_{\text{ao}} = \dfrac{T_S R_a}{C_T \Phi}$ 不为零。调节特性死区的大小与电枢回路的电阻和总阻转矩有关。

6. 改变交流伺服电动机转向的方法有哪些？为什么能改变？

答：把励磁与控制两相绕组中任意一相绕组上所加的电压反相，即相位改变 180°，就可以改变旋转磁场的转向。因为旋转磁场的转向是从超前相的绕组轴线（此绕组中流有相位上超前的电流）转到落后相的绕组轴线，而超前的相位刚好为 90°。

7. 为什么交流伺服电动机有时能称为两相异步电动机？如果有一台电动机，技术数据上标明空载转速是 1200r/min，电源频率为 50Hz，请问这是几极电动机？空载转差率是多少？

答：因为交流伺服电动机的定子绕组由励磁绕组和控制绕组两相组成，交流伺服电动机转速总是低于旋转磁场的同步转速，而且随着负载阻转矩值的变化而变化，因此交流伺服电动机又称为两相异步伺服电动机。空载转速为 1200r/min，电源频率为 50Hz 的电动机是 4 极电动机，空载转差率为 0.2。

8. 什么是自转现象？为了消除自转，交流伺服电动机零信号时应具有怎样的机械特性？

答：当伺服电动机的控制电信号 U_k=0 时，只要阻转矩小于单相运行时的最大转矩，电动机仍将在电磁转矩 T 的作用下继续旋转的现象叫自转现象。为了消除自转，交流伺服电动机零信号时的机械特性应位于二、四象限。所以为了消除自转现象，交流伺服电动机就要求有相当大的转子电阻，使临界转差率大于 1。

9. 与幅值控制时相比，电容伺服电动机定子绕组的电流和电压随转速的变化情况有哪些不同？为何它的机械特性在低速段出现鼓包现象？

答：与幅值控制时相比，电容伺服电动机定子绕组的电流和电压随转速的增加而增大，励磁电压 U_f 的相位也增大。因机械特性在低速段随着转速的增加转矩下降得很慢，而在高速段，转矩下降得很快，从而使机械特性在低速段出现鼓包现象，即机械特性负的斜率值降低。

10. 步进电动机与一般旋转电动机有什么不同？步进电动机有哪几种？

答：步进电动机是一种由电脉冲控制运动的特殊电动机，可以通过脉冲信号转换控制的方法将脉冲电信号变换成相应的角位移或线位移。与一般旋转电动机相比，步进电动机不能直接使用通常的直流或交流电源来驱动，而是需要使用专门的步进电动机驱动器。

步进电动机按转矩产生的原理分为：反应式步进电动机；激磁式步进电动机，这类步进电动机又分为电磁式与永磁式；混合式步进电动机，同时混合使用前两种方式。

11. 如何控制步进电动机输出的角位移、转速或线速度？

答：步进电动机的运动是受脉冲信号控制的，它的直线位移量或角位移量与电脉冲数成正比，所以电动机的线速度或转速与脉冲频率成正比。通过改变脉冲频率的高低，就可以在很大的范围内调节电动机的转速，并能实现快速起动、制动和反转。

12. 反应式步进电动机的结构特点如何？简述其工作原理。

答：反应式步进电动机具有如下结构特点。

（1）定子铁芯：定子铁芯为凸极结构，由硅钢片叠压而成。在面向气隙的定子铁芯表面有齿距相等的小齿。

（2）定子绕组：定子每极上套有一个集中绕组，相对两极的绕组串联构成一相。步进电动机可以做成二相、三相、四相、五相、六相、八相等。

（3）转子：转子上只有齿槽没有绕组，系统工作要求不同，转子齿数也不同。定转子齿形相同。

13. 简述反应式步进电动机的工作原理。

答：它是利用凸极转子横轴磁阻与直轴磁阻之差引起的反应转矩（磁阻转矩）转动的。步进电动机驱动器通过外加控制脉冲，并按环形分配器决定的分配方式，控制步进电动机各相绕组的导通和截止，从而使步进电动机产生步进运动，将离散的电脉冲信号转化成角位移量。

14. 步进电动机与同步电动机有什么共同点和差异？

答：同步电动机在同步转动时由定子线圈通过电流产生的磁场吸引转子形成转动所需的作用力，磁场的旋转带动转子的运动，属可变磁阻电动机，在这一方面，与步进电动机是相同的。不同之处是控制方式上步进电动机应归属于他控式，通常采用开环控制，无转子位置反馈，多用于伺服控制系统，对步距精度要求很高，对效率指标要求不严格，只做电动状态运行。而开关磁阻电动机则归属于自控式，即在转动时电流的换向要与转子的转动速度相匹配，利用转子位置反馈信号运行于自同步状态，相绕组电流导通时刻与转子位置有严格的对应关系，并且绕组电流波形的前后沿可以分别独立控制，即电流脉冲宽度可以任意调节。多用于功率驱动系统，对效率指标要求很高，并可运行于发电状态。在应用上步进电动机基本上都用做控制电动机而开关磁阻电动机则主要用做拖动用电动机。

15. 何谓步进电动机的步距角 Q？一台步进电动机可以有两个步进角，如 3°/1.5°表示什么意思？

答：控制绕组每改变一次通电状态，转子转过的角度叫步距角 Q。

步进电动机步距角的计算公式是：$Q=360°/Z_R \times m \times C$（$Z_R$ 为转子齿数，m 为相数，C 为通电系数），其步距角与拍数成反比，而步进电动机可以采用三相单三拍控制方式或三相六拍控制方式运行，因此，一台步进电动机由于采用三拍或六拍不同的运行方式就会有两个步距角。

16. 什么是步进电动机的单三拍、六拍和双三拍工作方式？

答：在步进电动机中，控制绕组的通电状态每切换一次叫做"拍"，若每次只有一相控制绕组通电，切换三次为一个循环为"三拍"，叫三相单三拍控制方式。双三拍控制方式是指每次同时有两相控制绕组通电，通电方式是 UV→VW→WU→UV，切换三次为一个循环，故称三相双三拍控制。三相六拍控制方式的通电顺序是 U→UV→V→VW→W→WU→U。每改变一次通电状态，转子旋转的角度只有双三拍通电方式的一半。定子三相绕组经六次换接完成一个循环，故称"六拍"控制。

17. 步进电动机采用三相六拍方式供电与采用三相三拍方式相比，有什么优缺点？

答：三相六拍供电时步距角小，运行平稳，起动转矩大，经济性较好，但是驱动电路较三拍时复杂。

18. 为什么步进电动机的脉冲分配方式应尽可能采用多相通电的双拍制？

答：使用多相通电的双拍制时可以在任何时刻都至少有一相绕组有电流通过，可以减小转动时的振动，减小步进的角度，增加控制精度，并保持定子对转子的引力不间断。三相步进电动机两相运行和单相运行的特性不变。其合成的电磁转矩的幅值 T_m 仍不变，只是相位落后 $60°$ 电角度。但对于更多相的步进电动机，其多相通电时合成的电磁转矩的幅值可以大于单相时的合成转矩，从而可以提高步进电动机的最大转矩。

19. 步进电动机带负载时的起动频率与空载时相比有什么变化？

答：由于转动力矩大小有一定范围，其起动加速度也会在一定范围内，过高的起动频率会使转子的转动速度跟不上输入脉冲控制要求的转动速度，从而导致转子转速慢于定子磁场的转速，这种情况称为步进电动机的失步。失步可能导致步进电动机不能起动或堵转。电动机的起动频率是步进电动机不失步起动的最高频率。当负载惯量一定时，随着负载的增加，起动频率要下降。随着起动频率的增大，转矩下降较慢的是起动频矩特性较好的步进电动机。

20. 步进电动机连续运行频率和起动频率相比有什么不同？

答：步进电动机的最高起动频率（突跳频率）一般为几百赫兹到三四千赫兹，而最高运行频率则可以达到几万赫兹。以超过最高起动频率的频率直接起动，将出现"失步"（失去同步）现象，有时根本就转不起来。而如果先以低于最高起动频率的某一频率起动，再逐步提高频率，使电动机逐步加速，则可以到达最高运行频率。

21. 步进电动机在什么情况下会发生失步？什么情况下会发生振荡？

答：步进电动机起动频率不能过高，当起动频率过高时，由于转动力矩大小有一定范围，其起动加速度也会在一定范围内，过高的起动频率会使转子的转动速度跟不上输入脉冲控制要求的转动速度，从而导致转子转动落后于定子磁场的转速，这种情况称为步进电动机的失步。

当步进电动机的控制脉冲等于或接近步进电动机的振荡频率的 $1/k$（k=1，2，3…）倍时，电动机就会出现强烈的振荡现象，甚至出现失步或无法工作，这种现象就是低频共振和低频失步现象。

低频失步的原因是转子在步进运动时，由于惯性会在一个步进脉冲到来达到新的位置之后在平衡位置来回摆动，如果步进脉冲的频率恰好符合前述条件，就会出现振荡现象。为了消除振荡，可以采用的方法除了不允许电动机在振荡频率下工作，还可以通过增加系统阻尼、限制振荡的幅度的方法来减弱振荡的幅度。

22. 一台三相反应式步进电动机，其转子齿数 Z_R 为 40，分配方式为三相六拍，脉冲频率 f 为 600Hz，要求：

（1）写出步进电动机顺时针和逆时针旋转时各相绕组的通电顺序。

（2）求步进电动机的步距角 θ_b。

（3）求步进电动机的转速 n。

解：（1）略

（2）$\theta_b = \dfrac{360°}{NZ_R} = \dfrac{360°}{6 \times 40} = 1.5°$

（3）$n = \dfrac{60f}{NZ_R} = \dfrac{60 \times 600}{6 \times 40} = 150\text{r/min}$

23. 一台三相反应式步进电动机，采用三相六拍运行方式，在脉冲频率 f 为 400Hz 时，其转速 n 为 100r/min，试计算其转子齿数 Z_R 和步距角 θ_b。若脉冲频率不变，采用三相三拍运行方式，其转速 n_1 和步距角 θ_{b1} 又为多少？

解：（1）三相六拍运行。因为 $n = \dfrac{60f}{NZ_R}$，所以 $Z_R = \dfrac{60f}{Nn} = \dfrac{60 \times 400}{6 \times 100} = 40$

$$\theta_b = \frac{360°}{NZ_R} = \frac{360°}{6 \times 40} = 1.5°$$

（2）三相三拍运行：$n_1 = \dfrac{60f}{NZ_R} = \dfrac{60 \times 400}{3 \times 40} = 200\text{r/min}$

$$\theta_{b1} = \frac{360°}{NZ_R} = \frac{360°}{3 \times 40} = 3°$$

24. 有一脉冲电源，通过环形分配器将脉冲分配给五相十拍通电的步进电动机定子绕组，测得步进电动机的转速为 100rpm，已知转子有 24 个齿。求：（1）步进电动机的步距角 θ_b；（2）脉冲电源的频率 f。

解：（1）$\theta_b = \dfrac{360°}{NZ_R} = \dfrac{360°}{10 \times 24} = 1.5°$

（2）因为 $n = \dfrac{60f}{NZ_R}$，所以 $f = \dfrac{NZ_R n}{60} = \dfrac{10 \times 24 \times 100}{60} = 400\text{Hz}$

25. 有一台三相反应式步进电动机，按 U→UV→V→VW→W→WU 方式通电，转子齿数为 80 个，如控制脉冲的频率为 800Hz，求该电动机的步距角和转速。

解：$\theta_b = \dfrac{360°}{NZ_R} = \dfrac{360°}{6 \times 80} = 0.75°$

$$n = \frac{60f}{NZ_R} = \frac{60 \times 800}{6 \times 80} = 100\text{r/min}$$

三、任务训练

任务　伺服电动机、步进电动机的认识

1. 按图 25 所示进行操作，记录数据，得出结论。

（1）接线图。

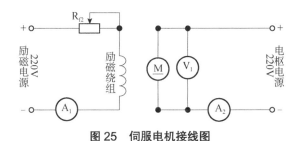

图 25　伺服电机接线图

（2）实验步骤。

① 按图 25 所示接线，图中 R_{f2} 选用屏上 1800Ω 阻值，A_1、A_2 选用毫安表、安培表。

② 把 R_{f2} 调至最小，先接通励磁电源，再调节控制屏左侧调压器旋钮使直流电源电压升至 220V。

③ 调节涡流测功机控制箱给直流伺服电动机加载。调节 R_{f2} 阻值，使直流伺服电动机 $n=n_N=1600r/min$，$I_a=I_N=0.8A$，$U=U_N=220V$，此时电动机励磁电流为额定励磁电流。

④ 调节负载使电动机输出转矩为额定输出转矩并保持不变，调节直流伺服电动机电枢电压（注：单方向调节控制屏上旋钮）测取直流伺服电动机的调节特性 $n=f(U)$，直到 $n=100r/min$ 记录 7～8 组于表 8 中。

表 8　直流伺服电机调节特性记录表

U_a/V								
n/(r/min)								

（3）由实验数据做出直流伺服电动机的电压与转速之间的特性曲线。

2. 按图 26 所示进行操作，记录数据，得出结论。

（1）接线图。

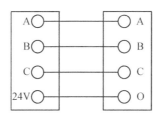

图 26　步进电机接线图

（2）实验步骤。

① 观察步进电动机的单步运行状态。

接通电源，将控制系统设置于单步运行状态或复位后，按"执行"键，步进电动机走一步距角，绕组相应的发光管发亮，再不断按"执行"键，步进电动机的转子也不断做步进运动。

② 观察步进电动机的不同运行方式。

按"拍数"键，状态显示器的首位数码管显示状态在"┨""┐""┤"之间切换，分别表示三相单拍、三相六拍和三相双三拍运行方式。

③ 观察电动机的反向运行。

按"转向"键，状态显示器的首位数码管显示状态在"⊣"与"⊢"之间切换，"⊣"表示正转，"⊢"表示反转。切换"转向"键，观察到步进电动机做反向步进运动。

④ 角位移和脉冲数的关系。

控制系统接通电源，设置好预置步数，按"执行"键，电动机运转，观察并记录电动机偏转角度，再重设置另一数值，按"执行"键，观察并记录电动机偏转角度于表9、表10中。

表 9　步数=__120__步

序号	实际电动机偏转角度	理论电动机偏转角度

表 10　步数=__60__步

序号	实际电动机偏转角度	理论电动机偏转角度

（3）画出脉冲数与角位移的特性曲线。

四、摸底自测

（一）填空题

1. 控制电动机主要是对控制信号进行传递和变换，要求有较高的控制性能，如要求：_____、_____、_____。

2. 40 齿三相步进电动机在双三拍工作方式下步距角为_____，在单、双六拍工作方式下步距角为_____。

3. 交流伺服电动机的控制方式有_____、_____、_____。

（二）选择题

1. 伺服电动机将输入的电压信号变换成（　　），以驱动控制对象。

A. 动力　　　　　B. 位移　　　　　C. 电流　　　　　D. 转矩和速度

2. 交流伺服电动机的定子铁芯上安放着空间上互成（　　）电角度的两相绕组，分别为励磁绕组和控制绕组。

A. 0°　　　　　B. 90°　　　　　C. 120°　　　　　D. 180°

3. 步进电动机是利用电磁原理将电脉冲信号转换成（　　）信号。

A. 电流　　　　　　B. 电压　　　　　　C. 位移　　　　　　D. 功率

4. 旋转型步进电动机可分为反应式、永磁式和感应式三种。其中（　　）步进电动机由于惯性小、反应快和速度高等特点而应用最广。

A. 反应式　　　　　B. 永磁式　　　　　C. 感应式　　　　　D. 反应式和永磁式

5. 步进电动机的步距角是由（　　）决定的。

A. 转子齿数　　　　　　　　　　B. 脉冲频率

C. 转子齿数和运行拍数　　　　　D. 运行拍数

6. 由于步进电动机的运行拍数不同，所以一台步进电动机可以有（　　）个步距角。

A. 一　　　　　　　B. 二　　　　　　　C. 三　　　　　　　D. 四

（三）判断题（对的打"√"，错的打"×"）

（　　）1. 对于交流伺服电动机，改变控制电压大小就可以改变其转速和转向。

（　　）2. 交流伺服电动机当取消控制电压时不能自转。

（　　）3. 步进电动机的转速与电脉冲的频率成正比。

（　　）4. 单拍控制的步进电动机控制过程简单，应多采用单相通电的单拍制。

（　　）5. 改变步进电动机的定子绕组通电顺序，不能控制电动机的正反转。

（　　）6. 控制电动机在自动控制系统中的主要任务是完成能量转换、控制信号的传递和转换。

（　　）7. 直流伺服电动机分为永磁式和电磁式两种基本结构，其中永磁式直流伺服电动机可看成他励式直流电机。

（　　）8. 交流伺服电动机与单相异步电动机一样，当取消控制电压时仍能按原方向自转。

（　　）9. 为了提高步进电动机的性能指标，应多采用多相通电的双拍制，少采用单相通电的单拍制。

（　　）10. 对于多相步进电动机，定子的控制绕组可以给每相轮流通电，但不可以给多相同时通电。

（　　）11. 直流测速发电机在使用时，如果超过规定的最高转速或低于规定的最小负载电阻，对其控制精度有影响。

（　　）12. 测速发电机在控制系统中，输出绕组所接的负载可以近似做开路处理。如果实际连接的负载不大则应考虑其对输出特性的影响。

（　　）13. 直流测速发电机的电枢反应和延迟换向的去磁效应使线性误差随着转速的增高或负载电阻的减小而增大。

第 2 篇　电气控制部分

项目 5 电气控制技术

一、学习要点

1. 掌握常用电气元件包括低压断路器、开关、熔断器、接触器、热继电器及变压器的结构、原理、功能、技术参数、选型和应用。

2. 掌握常用电气元件包括继电器、按钮、开关、信号灯和直流稳压电源的结构、原理、功能、技术参数、选型和应用。

3. 介绍图形文字符号及选择方法；常用机床电气原理图的画法规则。

二、典型例题

1. 电动机的起动电流很大，当电动机起动时，热继电器会不会动作？为什么？

答：不会动作。因为热继电器具有反时限保护特性，电动机起动时间又很短，在这个时间内，热继电器的双金属片弯曲的程度不能使触点动作。

2. 熔断器的作用是什么？在选择熔断器时，我们主要考虑哪些技术参数？

答：熔断器用于电路中做短路保护及过载保护。我们主要考虑的主要技术参数有额定电压、额定电流、熔体额定电流、极限分断能力。

3. 交流接触器工作时为什么会有噪声和振动？为什么在铁芯端面上装短路环后可以减小噪声和振动？

答：因为当接触器线圈通入交流电时，在铁芯中产生交变磁通，当磁通达到最大值时，铁芯对衔铁的吸力最大，当磁通为零值时，铁芯对衔铁的吸力为零，衔铁在反作用力弹簧的作用下有释放的趋势，于是衔铁就产生振动发出噪声。在铁芯端面上装一短路铜环后，当线圈通过交流电后，线圈电流 I_1 产生磁通 Φ_1，在短路环中产生感应电流 I_2 并产生磁通 Φ_2，由于 I_1 与 I_2，Φ_1 与 Φ_2 的相位不同，即 Φ_1 和 Φ_2 不同时为零，使衔铁始终被铁芯牢牢吸住，振动和噪声可减小。

4. 额定电压相同的交、直流继电器是否能相互代用？为什么？

答：不能相互代用。交流继电器线圈匝数较少，直流电阻较小；直流继电器线圈匝数较多，直流电阻较大。若将交流继电器用于直流电路，其线圈电流将大大超过正常值，导致线圈过热损坏；若将直流继电器用于交流电路则因电阻、感抗过大，线圈电流远小于额定值，其衔铁难于吸合，无法正常工作。

5. 交流接触器线圈通电后，若衔铁因故卡住而不能吸合，将会出现什么后果？为什么？

答：交流接触器线圈通电后，若衔铁因故卡住而不能吸合，其线圈电流将比正常工作电流大得多，很快会被烧坏。由于电源电压一定时，交流铁芯线圈的主磁通基本上保持为一个常数。当铁芯卡住不能吸合时，磁路的磁阻大大增加，依据磁路欧姆定理 $I_N=\Phi_m R_m$，可知磁动势也将大大增加，即电流增加。

6. 电动机主电路中已装有熔断器，为什么还要装热继电器？它们的作用是否相同？

答：作用不相同。熔断器用于短路保护；热继电器用于电动机的过载保护。

7. 接触器的主触头、辅助触头和线圈各接在什么电路中？如何连接？

答：接触器的主触头串联在主电路中，辅助触头接在控制电路中，一般用于自锁和互锁，线圈串联在控制线路中。

8. 一台具有自动复位热继电器的接触器正转控制电路的电动机，在工作过程中突然停车，过一段时间后，在没有触动任何电器的情况下，电路又可重新起动和正常工作了。试分析其原因。

答：在工作过程中突然停车是因为负载由于某种原因增大过载而使热继电器热元件动作，其常闭触头断开，则控制回路失电，电动机停车。过一段时间热继电器热元件冷却，其常闭触头恢复闭合，则电路又可重新起动和正常工作了。

9. 何为热继电器的整定电流，如何调节？热继电器的热元件和触头在电路中如何连接？热继电器会不会因电动机的起动电流过大而动作？

答：整定电流是指热继电器长期不动作的最大电流。其值等于电动机的额定电流。热元件串联在主电路的电动机定子通电回路中。触头串联在控制电路总干路中。热继电器不会因电动机的起动电流过大而动作。因为，电动机起动时间一般较短，而热继电器利用电流热效应工作，需要一个滞后时间才能动作。

10. 设计一个小车运行的控制电路及主电路，其动作过程如下：

（1）小车由原位开始前进，到终点后自动停止。

（2）在终点停留 2 分钟后自动返回原位停止。

原位 _____ 终点

SQ1　　　　　　　　　　　　SQ2

解：设计的线路如图 27 所示。

11. 在空调设备中风机和压缩机的起动有如下要求：

（1）先开风机 M1（KM1），再开压缩机 M2（KM2）。

（2）压缩机可自由停车。

（3）风机停车时，压缩机即自动停车。

试设计满足上述要求的控制线路。

解：设计的线路如图 28 所示。

12. 某机床的主轴电动机采用星形—三角形降压起动控制，要求：

（1）按下正向起动按钮时主轴（星形—三角形降压起动）正向旋转，按下反向起动按钮时主轴（星形—三角形降压起动）反向旋转，直至按下停止按钮后工作台停止。

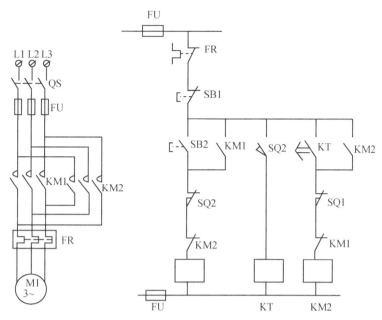

图 27　题 10 的控制电路及主电路

（2）主拖动电动机为三相异步电动机，请画出主电路，主电路应具有短路、过载、失压保护。

解：设计的线路如图 29 所示。

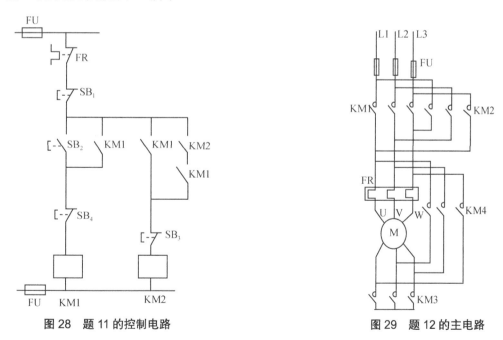

图 28　题 11 的控制电路　　　　　图 29　题 12 的主电路

13. 控制电路工作的准确性和可靠性是电路设计的核心和难点，在设计时必须特别重视。试分析图 30 所示线路图设计得是否合理？如不合理，请改之。

设计本意：按下 SB2，KM1 得电，延时一段时间后，KM2 得电运行，KM1 失电。按下 SB1，整个电路失电。

解：改正后的线路图如图 31 所示。

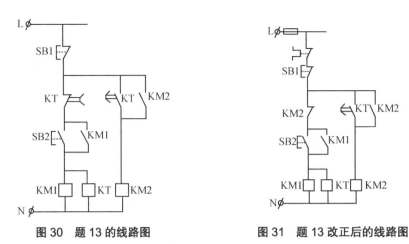

图 30　题 13 的线路图　　　　图 31　题 13 改正后的线路图

14. 运动部件 A、B 分别由电动机 M1、M2 拖动，如图 32 所示。要求按下起动按钮后，能按下列顺序完成所需动作：

（1）运动部件 A 从 1—2。

（2）接着运动部件 B 从 3—4。

（3）接着 A 又从 2—1。

（4）最后 B 从 4—3，停止运动。

（5）上述动作完成后，若再次按下起动按钮，又按上述顺序动作。

请画出电动机 M1、M2 的控制原理图。

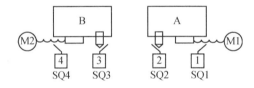

图 32　题 14 的示意图

解：设计的主电路如图 33 所示，控制电路如图 34 所示。

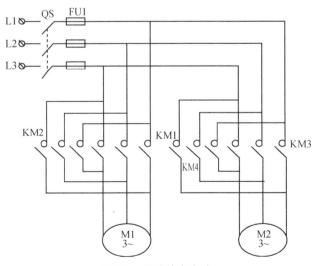

图 33　设计的主电路

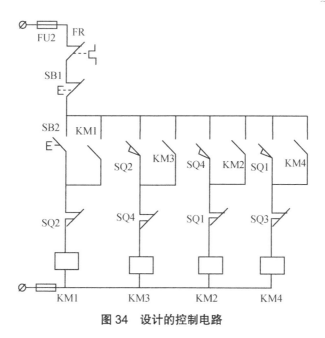

图 34 设计的控制电路

15. 图 35 所示的控制电路能否使电动机进行正常点动控制？如果不行，指出可能出现的故障现象，并将其改正确。

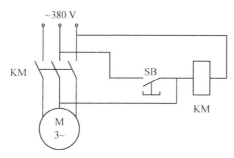

图 35 题 15 示意图

解：电动机不能正常进行点动。按动按钮时交流接触器不会吸闸，即电动机不能运转。改正的电路图如图 36 所示。

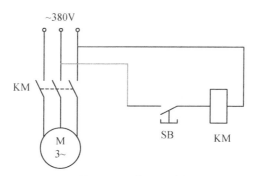

图 36 按题 15 题意改正的电路图

16. 画出接触器联锁的正反转控制主电路及控制电路（要求具有短路、过载及失压保护，并且能够进行正-反-停操作）。

解：设计如图 37 所示。

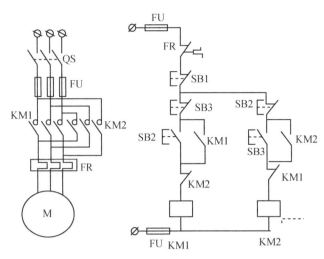

图 37　按题 16 题意设计的电路图

17. 设计一台电动机的控制电路，要求：该电动机能单向连续运行，并且能实现两地控制，有过载、短路保护。

解：设计如图 38 所示。

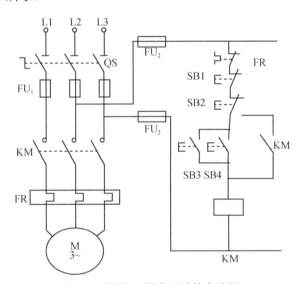

图 38　按题 17 题意设计的电路图

18. 比较图 39（a）、（b）所示电路的区别，并解释自锁、互锁的概念及作用。

解：

（a）图可实现单独正转和单独反转，因控制电路无机械互锁，不能实现正反转的直接切换。而（b）图增加了机械互锁环节，既能正转、反转，也能实现正反转的直接切换。

自锁：即线圈在松开起动按钮后仍能通过并联在起动按钮旁边的自身常开触头继续得电。如图 39（a）中 SB2、SB3 旁边并联的 KM1、KM2。

互锁：即两个线圈的得电回路中相互串联对方的自身常闭触头或对方的起动按钮的常闭

触头。如图 39（b）中的 KM1、KM2 常闭触头，SB2、SB3 的常闭触头接法。

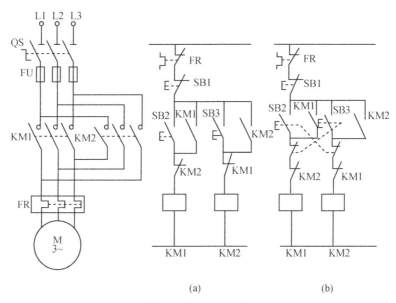

(a)   （b）

图 39　题 18 示意图

19. 某机床的液压泵电动机 M1 和主电机 M2 的运行情况，有如下的要求：

（1）必须先起动 M1，然后才能起动 M2。

（2）M2 可以单独停转。

（3）M1 停转时，M2 也应自动停转。

解：设计如图 40 所示。

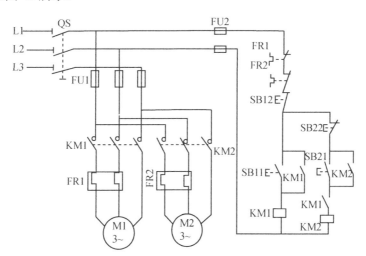

图 40　按题 19 题意设计的电路图

20. 简述电气控制线路的电气故障常用不通电排除方法？

答：1）电阻测量法

（1）分阶测量法。电阻的分阶测量法如图 41 所示。

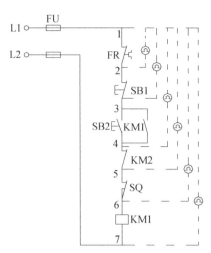

图 41　电阻的分阶测量法

　　按下起动按钮 SB2，接触器 KM1 不吸合，该电气回路有断路故障。在用万用表的电阻挡检测前应先断开电源，然后按下 SB2 不放，先测量 1—7 两点间的电阻，如电阻值为无穷大，说明 1—7 之间的电路断路。然后分别测量 1—2、1—3、1—4、1—5、1—6 各点间的电阻值。若电路正常，则该两点间的电阻值为 "0"；当测量到某标号间的电阻值为无穷大时，则说明表棒刚跨过的触点或连接导线断路。

　　（2）分段测量法。电阻的分段测量法如图 42 所示。

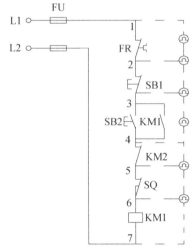

图 42　电阻的分段测量法

　　检查时，先切断电源，按下起动按钮 SB2，然后依次逐段测量相邻两标号点 1—2、2—3、3—4、4—5、5—6 间的电阻。如测得某两点的电阻为无穷大，说明这两点间的触点或连接导线断路。例如，当测得 2—3 两点间电阻为无穷大时，说明停止按钮 SB1 或连接 SB1 的导线断路。电阻测量法的优点是安全，缺点是测得的电阻值不准确时，容易造成判断错误。为此应注意以下几点：

　　① 用电阻测量法检查故障时一定要断开电源。

　　② 如被测的电路与其他电路并联时，必须将该电路与其他电路断开，否则所测得的电阻

值是不准确的。

③ 测量高电阻值的电器元件时，把万用表的选择开关旋转至适合电阻挡。

2）电压测量法

检查时把万用表旋到交流电压 500V 挡位上。

（1）分阶测量法。电压的分阶测量测量法如图 43 所示。

检查时，首先用万用表测量 1、7 两点间的电压，若电路正常应为 380V，然后按住起动按钮 SB2 不放，同时将黑表棒接到 7 号线上，红色表棒按 2、3、4、5、6 标号依次测量，分别测量 7—2、7—3、7—4、7—5、7—6 之间的电压。在电路正常的情况下，它们的电压值均为 380V，如测到 7—5 电压为 380V，测到 7—6 无电压，则说明行程开关 SQ 的常闭触点（5—6）断路。

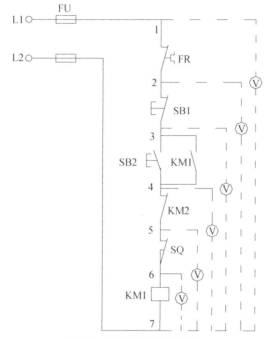

图 43　电压的分阶测量法

根据测得的电压值来检查故障的方法可见表 11。这种测量方法像台阶一样，所以称为分阶测量法。

表 11　分阶测量法判别故障原因

故障现象	测试状态	7—1	7—2	7—3	7—4	7—5	7—6	故障原因
按下 SB2 按钮 KM1 不吸合	按下 SB2 按钮不放	380V	380V	380V	380V	380V	0	SQ 常闭触点接触不良
		380V	380V	380V	380V	0	0	KM2 常闭触点接触不良
		380V	380V	380V	0	0	0	SB2 常开触点接触不良
		380V	380V	0	0	0	0	SB1 常闭触点接触不良
		380V	0	0	0	0	0	FR 常闭触点接触不良

（2）分段测量法。电压的分段测量法如图 44 所示。检查时先用万用表测试 1—7 两点的电压值为 380V，说明电源电压正常。

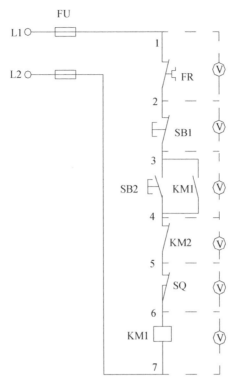

图 44 电压的分段测量法

电压的分段测试法是将红、黑两根表棒逐段测量相邻两标点 1—2、2—3、3—4、4—5、5—6、6—7 间的电压，如电路正常，按下 SB2 后，除 6—7 两点间的电压为 380V，其他任何相邻两点间的电压值均为零。

如按下起动按钮 SB2，接触器 KM1 不吸合，说明发生断路故障，此时可用电压表逐段测试各相邻两点间的电压。如测量到某相邻两点间的电压为 380V，说明这两点间有断路故障，根据各段电压值来检查故障的方法可见表 12。

表 12 分段测量法判别故障原因

故障现象	测试状态	1—2	2—3	3—4	4—5	5—6	6—7	故障原因
按下 SB2 按钮 KM1 不吸合	按下 SB2 按钮不放	380V	0	0	0	0	0	FR 常闭触点接触不良
		0	380V	0	0	0	0	SB1 常闭触点接触不良
		0	0	380V	0	0	0	SB2 常开触点接触不良
		0	0	0	380V	0	0	KM2 常闭触点接触不良
		0	0	0	0	380V	0	SQ 常闭触点接触不良
		0	0	0	0	0	380V	KM1 线圈断路

21. 按电气接线图进行板前明线布线，其工艺要求一般有哪些？

答：按电气接线图进行板前明线布线，板前明线布线的工艺要求如下：

（1）布线通道应尽可能得少，同路并行导线按主控制电路分类集中，单层密排，紧贴安装面布线。

（2）同一平面的导线应高低一致或前后一致，不能交叉、架空。非交叉不可时，应水平架空跨越，但必须走线合理。

（3）对螺栓式接点，导线连接时，应打羊眼圈，并按顺时针旋转。对瓦片式接点，导线连接时，直线插入接点固定即可。

（4）布线应横平竖直，分布均匀。变换走向时应垂直，并做到高低一致或前后一致。

（5）布线时严禁损伤线芯和导线绝缘。

（6）所有从一个接线端子（或线桩）到另一个接线端子（或接线桩）的导线必须连接，中间无接头。

（7）导线与接线端子或接线桩连接时，不得压绝缘层、不反圈及不露铜过长。

（8）一个电器元件接线端子上的连接导线不得多于两根。

（9）进出线应合理汇集在端子排上。

三、任务训练

任务 1　手动控制电路的安装接线与通电调试

1. 画出闸刀开关的图形符号、文字符号、型号含义。

（1）图形符号：

（2）文字符号：

（3）型号含义：如图 45 所示。

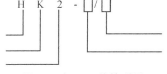

图 45　闸刀开关的型号

2. 画出熔断器的图形符号、文字符号、型号含义。

（1）图形符号：

（2）文字符号：

（3）型号含义：如图 46 所示。

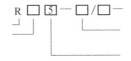

图 46　熔断器的型号含义

3. 画出手动控制电气控制原理图，分析工作原理，进行标号。

（1）电气原理图：

（2）工作原理分析：

4. 根据已经标号的电气原理图画出安装接线图，如图 47 所示。

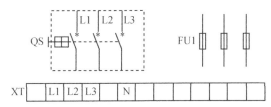

图 47　手动控制线路安装接线图

5. 安装接线。

在规定时间内完成手动控制的电气控制线路的安装接线，且通电试验成功。

6. 电路检查（不通电测试）。

电源线 L1、L2、L3 先不要通电，使用万用表电阻挡，合上电源开关 QS，测量从电源端（L1、L2、L3）到电动机出线端子（U、V、W）的每一相线路，将电阻值填入表 13 中。

表 13　手动控制线路的不通电测试记录表

电阻值	L1 相	L2 相	L3 相

7. 通电试验。

将通电情况记录于表 14 中。

表 14　手动控制线路的通电测试记录表

序号	情况登记	故障原因
一次通电成功		
二次通电成功		
不成功		

任务 2　点动控制电路的安装接线与通电调试

1. 画出交流接触器的图形符号、文字符号、型号含义。

（1）图形符号：

（2）文字符号：

（3）型号含义：如图 48 所示。

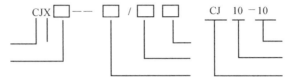

图 48　交流接触器型号含义

2. 画出按钮的图形符号、文字符号。

（1）图形符号：

（2）文字符号：

（3）型号含义：如图 49 所示。

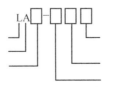

图 49　按钮的型号含义

3. 画出点动控制电气控制原理图，分析工作原理，进行标号。

（1）电气原理图：

（2）工作原理分析：

4. 根据已经标号的电气原理图画出安装接线图，如图 50 所示。

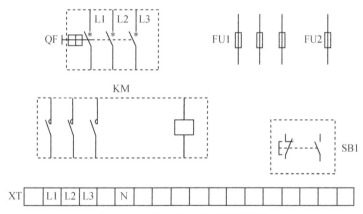

图 50　点动控制线路安装接线图

5. 安装接线。

在规定时间内完成点动控制电路的安装接线，且通电试验成功。

6. 电路检查（不通电测试）。

（1）主电路检查。电源线 L1、L2、L3 先不要通电，使用万用表电阻挡，合上电源开关 QS，压下接触器 KM 衔铁，使 KM 主触点闭合，测量从电源端（L1、L2、L3）到电动机出线端子（U、V、W）的每一相线路，将电阻值填入表中。

（2）控制电路检查。按下 SB 按钮，测量控制电路两端（W11—N），将电阻值填入表 15 中；压下接触器 KM 衔铁，测量控制电路两端（W11—N），将电阻值填入表 15 中。

表 15　点动控制电路的不通电测试记录

操作步骤	主电路			控制电路（W11—N)	
	合上 QS、压下 KM 衔铁			按下 SB	压下 KM 衔铁
电阻值	L1 相	L2 相	L3 相		

注：电路检查时，若熔断器 FU1、FU2 中没有装熔体，主电路可以分别测量（U12、V12、W12）到（U、V、W）之间的电阻值，控制电路可以测量线 1 和 N 之间的电阻值。

7. 通电试验。

将通电情况记录于表 16 中。

表 16　点动控制电路的通电测试记录

序号	情况登记	故障原因
一次通电成功		
二次通电成功		
三次及以上通电成功		
不成功		

任务 3　具有自锁的单向起动控制电路的安装接线与通电调试

1. 画出热继电器的图形符号、文字符号、型号含义。

（1）图形符号：

（2）文字符号：

（3）型号含义：如图 51 所示。

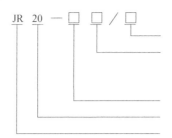

图 51 热继电器型号含义

2. 画出低压断路器的图形符号、文字符号、型号含义。

（1）图形符号：

（2）文字符号：

（3）型号含义：如图 52 所示。

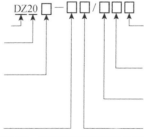

图 52 低压断路器型号含义

3. 画出自锁的单向起动控制电路电气控制原理图，分析工作原理，进行标号。

（1）电气原理图：

（2）工作原理分析：

4. 根据已经标号的电气原理图画出安装接线图，如图 53 所示。

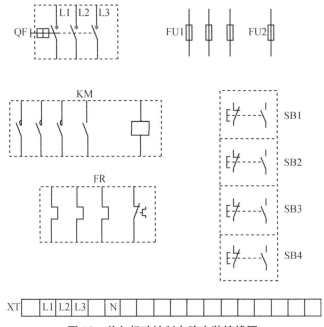

图 53　单向起动控制电路安装接线图

5. 安装接线。

在规定时间内完成具有自锁的电动机单向起动控制电路的安装接线，且通电试验成功。

6. 电路检查（不通电测试）。

（1）主电路检查。电源线 L1、L2、L3 先不要通电，使用万用表电阻挡，合上电源开关

QF，压下接触器 KM 衔铁，使 KM 主触点闭合，测量从电源端（L1、L2、L3）到电动机出线端子（U、V、W）的每一相线路，将电阻值填入表 17 中。

（2）控制电路检查。按下 SB2 按钮，测量控制电路两端（W11—N），将电阻值填入表 17 中；压下接触器 KM 衔铁，测量控制电路两端（W11—N），将电阻值填入表 17 中。

表 17　具有自锁的单向起动控制电路的不通电测试记录

操作步骤	主电路			控制电路（W11—N）	
	合上 QF、压下 KM 衔铁			按下 SB2	压下 KM 衔铁
电阻值	L1 相	L2 相	L3 相		

注：电路检查时，若熔断器 FU1、FU2 中没有装熔体，主电路可以分别测量（U12、V12、W12）到（U、V、W）之间的电阻值，控制电路可以测量线 1 和 N 之间的电阻值。

7. 通电试验。

将通电情况记录于表 18 中。

表 18　具有自锁的单向起动控制电路的通电测试记录

序号	情况登记	故障原因
一次通电成功		
二次通电成功		
三次及以上通电成功		
不成功		

任务 4　接触器互锁的正反转控制电路的安装接线与通电调试

1. 图 54 所示的是接触器互锁的正反转控制电路电气控制原理图，分析工作原理，进行标号。

（1）电气原理图，如图 54 所示。

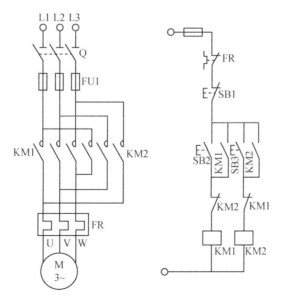

图 54　接触器互锁的正反转控制电路电气控制原理图

（2）工作原理分析：

2. 根据已经标号的电气原理图画出安装接线图，如图 55 所示。

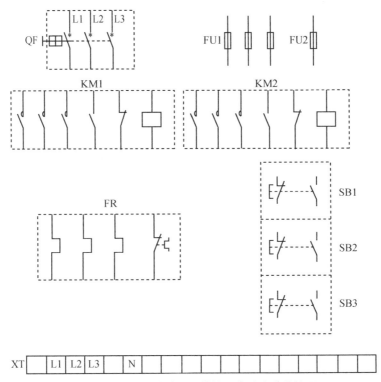

图 55 接触器互锁的正反转控制电路安装接线图

3. 安装接线。

在规定时间内完成控制电路的安装接线，且通电试验成功。

4. 电路检查（不通电测试）。

（1）主电路检查。电源线 L1、L2、L3 先不要通电，合上 QF，压下接触器 KM1（或 KM2）的衔铁，使 KM1（或 KM2）主触点闭合，测量从电源端（L1 或 L2 或 L3）到出线端子（U 或 V 或 W）上的每一相电路，将电阻值填入表 19 中。

（2）控制电路检查。

① 按下 SB2 按钮，测量控制电路两端，将电阻值填入表 19 中。

② 按下 SB3 按钮，测量控制电路两端，将电阻值填入表 19 中。

③ 用手压下接触器 KM1 衔铁，测量控制电路两端，将电阻值填入表 19 中。

④ 用手压下接触器 KM2 衔铁，测量控制电路两端，将电阻值填入表 19 中。

表 19　接触器互锁的正反转控制电路的不通电测试记录表

主电路			控制电路两端（W11—N）			
L1—U	L2—V	L3—W	按下 SB2	按下 SB3	压下 KM1 衔铁	压下 KM2 衔铁

注：电路检查时，若熔断器 FU1、FU2 中没有装熔体，主电路可以分别测量（U12、V12、W12）到（U、V、W）之间的电阻值，控制电路可以测量线 1 和 N 之间的电阻值。

5. 通电试验。

将通电情况记录于表 20 中。

表 20　接触器互锁的正反转控制电路的通电测试记录表

序号	故障原因
一次通电成功	
二次通电成功	
三次及以上通电成功	
不成功	

任务 5　星形—三角形起动控制电路的安装接线与通电调试

1. 图 56 所示的是星形—三角形起动控制电路电气控制原理图，分析工作原理，进行标号。

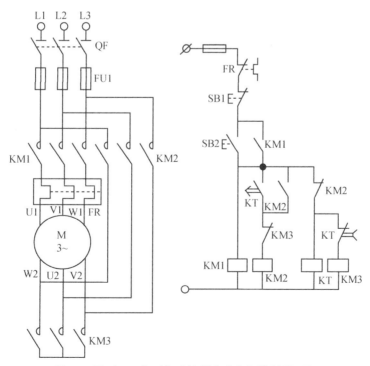

图 56　星形—三角形起动控制电路电气控制原理图

工作原理分析：

2. 根据已经标号的电气原理图画出安装接线图，如图 57 所示。

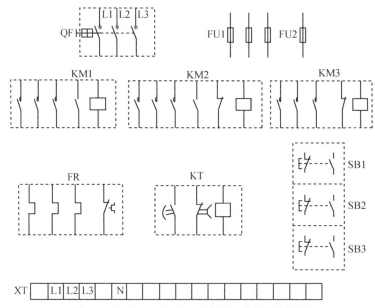

图 57　星形—三角形起动控制电路安装接线图

3. 安装接线。

在规定时间内完成控制电路的安装接线，且通电试验成功。

4. 电路检查（不通电测试）。

（1）主电路检查。电源线 L1、L2、L3 先不要通电，合上 QF，压下接触器 KM1 衔铁，使 KM1 主触点闭合，表笔分别接在 L1—U1、L2—V1、L3—W1，将电阻值填入表 21 中。压下接触器 KM3 衔铁，表笔接在 W2—U2、U2—V2、V2—W2，将电阻值填入表 21 中。压下接触器 KM1 和 KM2 的衔铁，使 KM1 和 KM2 主触点闭合，表笔分别接在 L1—W2、L2—U2、L3—V2，将电阻值填入表 21 中。

表 21　星形—三角形起动控制电路主电路不通电测试记录表

压下 KM1 衔铁			压下 KM3 衔铁			压下接触器 KM1 和 KM2 的衔铁		
L1—U1	L2—V1	L3—W1	W2—U2	U2—V2	V2—W2	L1—W2	L2—U2	L3—V2

（2）控制电路检查。

① 按下 SB2 按钮，测量控制电路两端，将电阻值填入表 22 中。

② 用手压下接触器 KM1 衔铁，测量控制电路两端，将电阻值填入表 22 中。

③ 同时用手压下接触器 KM1、KM2 衔铁，测量控制电路两端，将电阻值填入表 22 中。

表 22 星形—三角形起动控制电路控制电路不通电测试记录表

控制电路两端（W11—N）		
按下 SB2	压下 KM1 衔铁	同时按下压下 KM1、KM2 衔铁

5. 通电试验。

把 L1、L2、L3 三端接上电源，合上 QF，接入电源通电试车，将通电情况记录于表 23 中。

表 23 星形—三角形起动控制电路控制电路通电测试记录表

序号	故障原因
一次通电成功	
二次通电成功	
三次及以上通电成功	
不成功	

任务 6 车床的电气故障排除

一、实训目标

1. 掌握 C6140T 卧式车床的电气工作原理。

2. 能识读 C6140T 卧式车床的电气原理图和安装接线图。

3. 会调试 C6140T 卧式车床的电气控制线路。

4. 能分析 C6140T 卧式车床的常见电气故障原因。

5. 会使用仪器仪表检测、判断 C6140T 卧式车床的电气控制线路故障。

6. 能排除 C6140T 卧式车床的常见电气故障。

二、工作任务要求

C6140T 是一种在原 C620 基础上加以改进而来的卧式车床，C 代表车床，6 代表卧式，1 代表基本型，40 代表最大旋转直径，是机械设备制造企业所需的设备之一。

本项目应在识读 C6140T 卧式车床电气原理图和安装接线图的基础上，掌握其电气工作原理和正确操作方法；能完成 C6140T 卧式车床电气控制系统的通电调试工作；能熟练分析 C6140T 卧式车床常见电气故障原因；会使用仪器仪表检测、判断 C6140T 卧式车床的常见电气故障原因和排除方法，进一步提高机床电气排故能力。

三、C6140T 卧式车床电气控制线路工作原理

（一）C6140T 卧式车床的主要结构

C6140T 卧式车床的外形和结构如图 58 所示。

它主要由床身、主轴、进给箱、溜板箱、刀架、丝杆、光杆、尾座等部分组成。

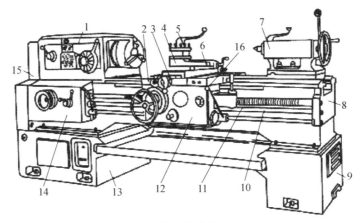

图 58　普通车床外形图

1—主轴箱；2—溜板箱；3—横北板；4—转盘；5—刀架；6—小配板；7—尾座；8—床身；9—右床座；

10—光杆；11—丝杆；12—溜板箱；13—左床座；14—进给箱；15—挂轮架；16—操纵手柄

（二）C6140T 卧式车床的主要运动形式和控制要求

1. 运动形式

车床的切削运动包括工件旋转的主运动和刀具的直线进给运动。根据工件的材料性质、车刀材料、几何形头、工件直径、加工方式及冷却条件的不同，要求主轴有不同的切削速度。

车床的进给运动是刀架带动刀具的直线运动。溜板箱把丝杆或光杆的转动传递给刀架部分，变换溜板箱外的手柄位置，经刀架部分使车辆做纵向或横向进给。

车床的辅助运动为机床上除切削运动以外的其他一切必需的运动，如尾架的纵向移动、工件的夹紧与放松等。

2. C6140T 卧式车床对电气控制的要求

C6140T 型普通车床是一种中型车床，除有主轴电动机 M1 和冷却泵电动机 M2，还设置了刀架快速移动电动机 M3。

主拖动电动机一般选用三相笼型异步电动机，为满足调速要求，采用机械变速。

（1）为车削螺纹，主轴要求正、反转，可采用机械方法来实现。

（2）采用齿轮箱进行机械有级调速。主轴电动机采用直接起动，为实现快速停车，一般采用机械制动。

（3）设有冷却泵电动机且要求冷却泵电动机应在主轴电动机起动后方可选择起动与否；当主轴电动机停止时，冷却泵电动机应立即停止。

（4）为实现溜板箱的快速移动，由单独的快速移动电动机拖动，采用点动控制。

（三）电气控制线路分析

C6140T 卧式车床电气控制线路按功能不同可分为主电路、控制电路和机床照明电路三个部分。

1. 主电路分析

三相交流电源由总开关 QS1 引入，FU1 为快进电动机 M3 的短路保护用熔断器，由接触器 KM1 的主触点控制主轴电动机 M1。图中 KM2 为接通冷却泵电动机 M2 的接触器，QS2 为 M2 的电源开关。KM3 为接通快进电动机 M3 的接触器，由于 M3 点动短时运转，故不设置热继电器。SQ1 为主轴能耗制动控制开关，通过 KT 断电延时时间继电器，切断 KM1、KM2 控制电路，接通接触器 KM4，进行能耗制动控制。

2. 控制电路分析

控制电路采用交流 110V 电压供电，由熔断器 FU3 作短路保护。

（1）主轴电动机 M1 的控制。当按下起动按钮 SB2 时，接触器 KM1 线圈通电，KM1 主触点闭合，KM1 自锁触头闭合，主轴电动机 M1 起动运转。KM1 主触头闭合为冷却泵电动机 M2 获电做好准备。停车时，按下停止按钮 SB1 即可。主轴的正反控制采用多片摩擦离合器来实现。

（2）冷却泵电动机 M2 的控制。主轴电动机 M1 与冷却泵电动机 M2 两台电动机之间实现顺序控制。当接触器 KM1 线圈通电，KM2 线圈也得电，KM2 主触点闭合，合上电源开关 QS2，冷却泵电动机 M2 才会获电，使冷却泵电动机 M2 运转。

（3）刀架的快进电动机 M3 的控制。刀架快进的电路为点动控制，刀架移动方向的改变，是由进给操作手柄配合机械装置来实现的。如需要快速移动，按下按钮 SB3 即可。

（4）主轴电动机能耗制动。按下行程开关 SQ1，主轴电动机实现能耗制动。当踩下行程开关 SQ1 时，时间继电器 KT 线圈得电，控制电路中 KT（2—3）断开，KM1 线圈失电；控制电路中 KT（2—13）闭合，KM4 线圈得电，主电路进行能耗制动控制，主轴电动机 M1 停车。

3. 机床照明电路分析

照明灯 EL 和指示灯 HL 的电源由控制变压器 TC 二次侧输出 24V 电压提供。开关 SA 为照明开关。熔断器 FU3 和 FU4 分别作为照明灯 EL 和指示灯 HL 的短路保护。HL1 为冷却泵电动机的工作指示灯。

四、C6140T 卧式车床电气控制线路的故障与检修

（一）C6140T 卧式车床电气故障检修总体思路

首先，要熟悉 C6140T 卧式车床的主要结构和运动形式，对卧式镗床进行实际操作，了解镗床的各种工作状态及各按钮的作用。

其次，要熟悉 C6140T 卧式车床各电气元件的安装位置、电气线路的走线情况、各电气元件的作用，以及操作各按钮时，机床的工作状态及各运动部件的工作情况。

再次，在有故障或人为设置故障的卧式镗床上进行故障检修前，应先认真观看指导教师示范检修，掌握故障检修的基本操作步骤。

最后，针对指导教师设置的人为故障点，应先仔细观察故障现象，再从故障现象着手分析故障可能的原因，再采用正确的检查步骤和检修方法排除故障。

（二）C6140T 卧式车床常见电气故障检修方法

1. 故障现象：主轴电动机 M1 不能起动。

原因分析：

① 控制电路没有电压。

② 控制线路中的熔断器 FU5 熔断。

③ 接触器 KM1 未吸合，按起动按钮 SB2，接触器 KM1 若不动作，故障必定在控制电路中，如按钮 SB1、SB2 的触头接触不良，接触器线圈断线，就会导致 KM1 不能通电动作。

当按下按钮 SB2 后，若接触器吸合，但主轴电动机不能起动，故障原因必定在主线路中，

可依次检查接触器 KM1 主触点及三相电动机的接线端子等是否接触良好。

2. 故障现象：主轴电动机不能停转

原因分析：

这类故障多数是由于接触器 KM1 的铁芯面上的油污使铁芯不能释放或 KM1 的主触点发生熔焊，或停止按钮 SB1 的常闭触点短路所造成的。应切断电源，清洁铁芯极面的污垢或更换触点，即可排除故障。

3. 故障现象：主轴电动机的运转不能自锁

原因分析：

当按下按钮 SB2 时，电动机能运转，但放松按钮后电动机即停转，是由于接触器 KM1 的辅助常开触头接触不良或位置偏移、卡阻现象引起的故障。这时只要将接触器 KM1 的辅助常开触点进行修整或更换即可排除故障。辅助常开触点的连接导线松脱或断裂也会使电动机不能自锁。

4. 故障现象：刀架快速移动电动机不能运转

原因分析：

按点动按钮 SB3，接触器 KM3 未吸合，故障必然发生在控制线路中，这时可检查点动按钮 SB3、接触器 KM3 的线圈是否断路。

5. 故障现象：M1 能起动，不能能耗制动

起动主轴电动机 M1 后，若要实现能耗制动，只需踩下行程开关 SQ1 即可。若踩下行程开关 SQ1，不能实现能耗制动，其故障现象通常有两种，一种是电动机 M1 能自然停车，另一种是电动机 M1 不能停车，仍然转动不停。

原因分析：

踩下行程开关 SQ1，不能实现能耗制动，其故障范围可能在主电路，也可能在控制电路，有 3 种方法。

① 由故障现象确定。当踩下行程开关 SQ1 时，若电动机能自然停车，说明控制电路中 KT（2—3）能断开，时间继电器 KT 线圈得过电，不能制动的原因在于接触器 KM4 是否动作。KM4 动作，故障点在主电路中；KM4 不动作，则故障点在控制电路中。当踩下行程开关 SQ1 时，若电动机能不能停车，说明控制电路中 KT（2—3）不能断开，致使接触器 KM1 线圈不能断电释放，从而造成电动机不停车，其故障点在控制电路中，这时可以检查继电器 KT 线圈是否得电。

② 由电器的动作情况确定。当踩下行程开关 SQ1 进行能耗制动时，反复观察继电器 KT 和 KM4 的衔铁有无吸合动作。若 KT 和 KM4 的衔铁先后吸合，则故障点肯定在主电路的能耗制动支路中；KT 和 KM4 的衔铁只要有一个不吸合，则故障点必定在控制电路的能耗制动支路中。

③ 强行使接触器 KM4 的衔铁吸合。若此时仍不能实现能耗制动，说明故障点在主电路中；若此时可以实现能耗制动，则不能实现能耗制动的故障原因不在主电路，必定在控制电路中。

五、C6140T 卧式车床电气模拟装置的试运行操作

1. 准备工作

（1）查看各电气元件上的接线是否紧固，各熔断器是否安装良好。

（2）独立安装好接地线，设备下方垫好绝缘垫，将各开关置分断位。

（3）接上三相电源。

2. 操作试运行

接上电源后，各开关均应置分断位置。参看电路原理图，按下列步骤进行机床电气模拟操作运行：

（1）使装置中漏电保护部分先吸合，再合上 QS1，电源指示灯亮。

（2）按 SB2，主轴电动机 M1 正转，相应指示灯亮，按 SB1，主轴电动机 M1 停止。

（3）在主轴电动机 M1 运转情况下，合上电源开关 QS2，冷却电动机 M2 工作，相应指示灯亮。

（4）按住 SB3，快进电动机 M3 工作。

（5）按下行程开关 SQ1，主轴电动机实现能耗制动。

备注：设置故障时，将故障箱内的钮子开关向下扳，排除故障时，将钮子开关向上扳。

六、C6140T 卧式车床电气控制线路故障设置及排除

1. 实习内容

（1）用通电试验方法发现故障现象，进行故障分析，并在电气原理图中用虚线标出故障最小范围。

（2）按图排除 C6140T 卧式车床主电路或控制电路中人为设置的电气故障点。

2. 电气故障的设置原则

（1）人为设置的故障点，必须是模拟机床在使用过程中，由于受到振动、受潮、高温、异物侵入、电动机负载及线路长期过载运行、起动频繁、安装质量低劣和调整不当等原因造成的"自然"故障。

（2）切忌设置改动线路、换线、更换电气元件等由于人为原因造成的非"自然"的故障点。

（3）故障点的设置，应做到隐蔽且设置方便，除简单控制线路，两处故障一般不宜设置在单独支路或单一回路中。

（4）对于设置一个以上故障点的线路，其故障现象应尽可能不要相互掩盖，否则学生在检修时，若检查思路尚清楚，但检修到定额时间的 2/3 还不能查出一个故障点时，可作适当的提示。

（5）应尽量不设置容易造成人身或设备事故的故障点，如有必要时，教师必须在现场密切注意学生的检修动态，随时做好采取应急措施的准备。

（6）设置的故障点，必须与学生应该具有的修复能力相适应。

七、设备维护

（1）操作中，若发出较大噪声，要及时处理，如接触器发出较大的嗡嗡声，一般可将该电器拆下，修复后使用或更换新电器。

（2）在经过一定次数的排故训练使用后，可能出现导线过短，一般可按原理图进行第二次连接，即可重复使用。

（3）更换电器配件或新电器时，应按原型号配置。

（4）电动机在使用一段时间后，需加少量润滑油，做好电动机保养工作。

八、故障设置

电路故障分布图如图 59 所示。

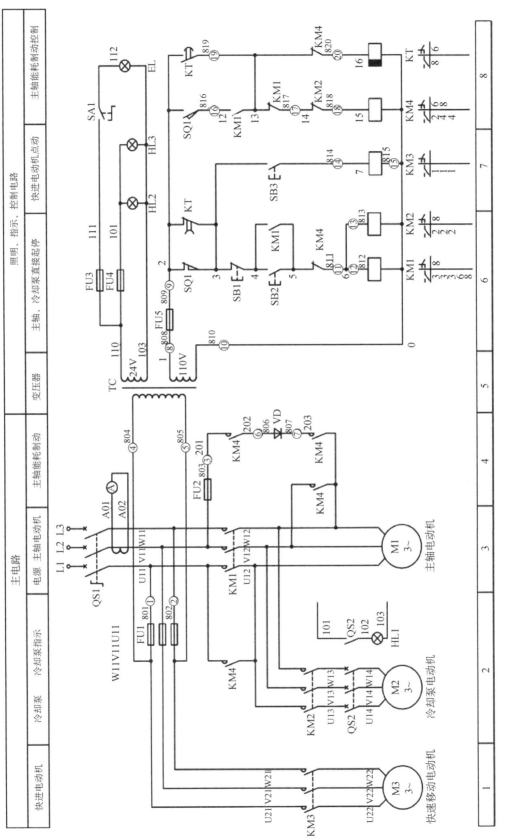

图 59　C6140T 车床电气故障分布图

故障设置情况见表 24。

表 24 故障设置一览表

故障开关	故障现象	备 注
K1	机床不能起动	电源指示灯不能亮，控制电路无电源
K2	机床不能起动	电源指示灯不能亮，控制电路无电源
K3	主轴电动机不能能耗制动	按下行程开关 SQ1，无能耗制动现象
K4	机床不能起动	电源指示灯不能亮，控制电路无电源
K5	机床不能起动	电源指示灯不能亮，控制电路无电源
K6	主轴电动机不能能耗制动	按下行程开关 SQ1，无能耗制动现象
K7	主轴电动机不能能耗制动	按下行程开关 SQ1，无能耗制动现象
K8	机床不能起动	电源指示灯能亮，照明指示灯也能亮
K9	机床不能起动	电源指示灯能亮，照明指示灯也能亮
K10	机床不能起动	电源指示灯能亮，照明指示灯也能亮
K11	主轴、冷却泵电动机不能起动	按下 SB2，接触器 KM1、KM2 不吸合
K12	主轴、冷却泵电动机不能起动	按下 SB2，接触器 KM1 不吸合
K13	冷却泵电动机不能起动	按下 SB2，接触器 KM2 不吸合
K14	快进电动机不能起动	按住 SB3，接触器 KM3 不吸合
K15	快进电动机不能起动	按住 SB3，接触器 KM3 不吸合
K16	主轴电动机不能能耗制动	按下行程开关 SQ1，KT 不得电
K17	主轴电动机不能能耗制动	按下行程开关 SQ1，KT 得电，接触器 KM4 不吸合
K18	主轴电动机不能能耗制动	按下行程开关 SQ1，KT 得电，经过一段时间后失电
K19	主轴电动机不能能耗制动	按下行程开关 SQ1，KT 得电，接触器 KM4 不吸合
K20	主轴电动机不能能耗制动	按下行程开关 SQ1，KT、KM4 不得电

九、车床排故考核

C6140T 车床排故项目技能考核评分表

日期：_____ 班级：_____ 学号：_____ 姓名：_____ 得分：_____

考核时，请设置两个故障考核。

序号	内容（分值）	扣分标准	故障分析答题区	得分
1	故障现象 5 分	故障现象不清楚，两个故障每个扣 2～5 分		
2	故障分析 10 分	分析和判断故障范围，分析思路不清楚，故障范围分析不全面或不正确，两个故障每个扣 3～10 分		
3	故障检查 15 分	故障 1 排除故障方法及仪表使用不正确，扣 5～15 分 此处为现场打分项，由评分者根据操作情况给定		
		排故障 2 除故障方法及仪表使用不正确，扣 5～15 分 此处为现场打分项，由评分者根据操作情况给定		
4	故障排除 20 分	故障点判断不准确或误判一次，两个故障每个扣 10 分，不会判断或故障没有排除不得分		
合计成绩（每个故障 50 分，满分 100 分）				

任务 7　铣床的电气故障排除

一、实训目标

1. 掌握 X62W 万能铣床的电气工作原理。
2. 能识读 X62W 万能铣床的电气原理图和安装接线图。
3. 会调试 X62W 万能铣床的电气控制线路。
4. 能分析 X62W 万能铣床常见电气故障原因。
5. 会使用仪器仪表检测、判断 X62W 万能铣床的电气控制线路故障。
6. 能排除 X62W 万能铣床的常见电气故障。

二、工作任务要求

万能铣床是一种通用的多用途机床，它可以用圆柱铣刀、圆片铣刀、成型铣刀及端面铣刀等工具对各种零件进行平面、斜面、螺旋面及成型表面的加工，还可以加装万能铣头和圆工作台来扩大加工范围。目前，万能铣床常用的有两种：一种是卧式万能铣床，铣头水平方向放置；另一种是立式万能铣床，铣头垂直放置。

本任务应在识读 X62W 万能铣床电气原理图和安装接线图的基础上，掌握其电气工作原理和正确操作方法；能完成 X62W 万能铣床电气控制系统的通电调试工作；能熟练分析 X62W 万能铣床常见电气故障原因；会使用仪器仪表检测、判断 X62W 万能铣床的常见电气故障原因和排除方法，进一步提高机床电气排故能力。

三、X62W 万能铣床电气控制线路工作原理

（一）X62W 万能铣床的主要结构

X62W 型万能铣床的外形和结构如图 60 所示，主要由床身、主轴、刀杆支架、悬梁、工作台、回转盘、升降台、底座等几部分组成。

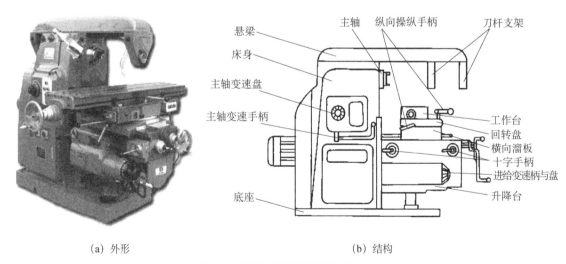

（a）外形　　　　　　　　　　　　　　　（b）结构

图 60　X62W 型万能铣床结构图

（1）床身。用来安装和连接其他部件。床身内装有主轴的传动机构和变速操纵机构。在

床身的前面有垂直导轨，升降台可沿导轨上下移动，在床身的顶部有水平导轨，悬梁可沿导轨水平移动。

（2）悬梁及刀杆支架。刀杆支架在悬梁上，用来支承铣刀心轴的外端，心轴的另一端装在主轴上。刀杆支架可以在悬梁上水平移动，悬梁又可以在床身顶部的水平导轨上水平移动，这样就能适应各种长度的心轴。

（3）升降台。依靠下面的丝杆，可沿床身的导轨而上下移动。进给系统的电动机和变速机构装在升降台内部。

（4）横向溜板。装在升降台的水平导轨上，可沿导轨平行于主轴轴线方向作横向移动。

（5）工作台。用来安装夹具和工件。它的位置在横向溜板的水平导轨上，可沿导轨垂直于主轴线方向作纵向移动。万能铣床在横向溜板和工作台之间还有回转盘，可使工作台向左右转±450°，因此，工作台在水平面内除了可以纵向进给和横向进给，还可以在倾斜的方向进给，以便加工螺旋槽等。

（二）X62W 万能铣床的主要运动形式和控制要求

1. 运动形式

X62W 万能铣床的运动种类主要有以下几种。

（1）主运动。X62W 万能铣床的主运动是主轴带动铣刀的旋转。

（2）进给运动。X62W 万能铣床的进给运动有：工件随工作台在前后、左右、上下 6 个方向及圆工作台的旋转运动。通过机械机构使工作台能进行三种形式 6 个方向的移动，即工作台面能直接在横向溜板上部可转动部分的导轨上作纵向（左、右）移动；工作台面借助横向溜板作横向（前、后）移动；工作台面还能借助升降台作垂直（上、下）移动。

（3）辅助运动。X62W 万能铣床的辅助运动有：工作台快速移动、主轴和进给变速冲动。

2. X62W 万能铣床对电气控制的要求

X62W 万能铣床的主要运动形式及控制要求如表 25 所示。

表 25 X62W 万能铣床的主要运动形式及控制要求

运动种类	运动形式	控制要求
主运动	主轴带动铣刀的旋转运动	（1）铣削加工有顺铣和逆铣两种，所以主轴电动机要求能正反转，由于主轴电动机的正反转不是很频繁，因此在床身下侧的电器箱上设置一个组合开关来改变电源相序，实现主轴电动机的正反转
		（2）为减小振动，主轴上装有惯性轮，会造成主轴停车困难，因此要求主轴电动机采用电磁离合器制动以实现迅速停车
		（3）主轴采用改变变速箱的齿轮传动比来实现，主轴电动机不需要调速
进给运动	工件随工作台在前后、左右、上下 6 个方向及圆工作台的旋转运动	（1）工作台要求有上下、左右、前后 6 个方向的进给运动和快速移动，所以也要求进给电动机能够正反转，并通过操纵手柄和位置开关配合的方式来实现 6 个运动方向的联锁
		（2）为了扩大加工能力，在工作台上可加装圆形工作台，圆形工作台的回转运动由进给电动机经传动机构驱动
		（3）为防止刀具和机床的损坏，要求只有主轴旋转后，才允许有进给运动，同时为了减小加工件的表面粗糙度，要求进给停止后，主轴才能停止或同时停止
		（4）进给变速采用机械方式实现，进给电动机不需要调速
辅助运动	工作台快速移动	进给的快速移动是通过电磁离合器和机械挂挡来实现的
	主轴和进给变速冲动	主轴正反转及变速后、进给变速后，要求能瞬时冲动一下，以利于齿轮的啮合

基于上述控制要求，X62W 万能铣床电气控制特点如下：

（1）机床要求有三台电动机，分别称为主轴电动机、进给电动机和冷却泵电动机。

（2）由于加工时有顺铣和逆铣两种，所以要求主轴电动机能正反转及在变速时能瞬时冲动一下，以利于齿轮的啮合，并要求还能制动停车和实现两地控制。

（3）工作台的三种运动形式、6 个方向的移动是依靠机械的方法来实现的，对进给电动机要求能正反转，且要求纵向、横向、垂直三种运动形式相互间应有联锁，以确保操作安全。同时要求工作台进给变速时，电动机也能瞬间冲动、快速进给及两地控制等要求。

（4）冷却泵电动机只要求单方向旋转。

（5）进给电动机与主轴电动机需实现两台电动机的联锁控制，即主轴工作后才能进行进给工作。

（三）电气控制线路分析

X62W 万能铣床电气控制线路按功能不同可分为主电路、控制电路和机床照明电路三个部分。

1. 主电路分析

主电路中共有三台电动机，M1 是主轴电动机，用于拖动主轴带动铣刀进行切削加工；M2 是工作台进给电动机，用于拖动工作台在前后、左右、上下 6 个方向的进给及圆工作台的旋转运动；M3 是冷却泵电动机，用于供应冷却液。每台电动机均有热继电器作过载保护。

2. 控制电路分析

控制电路的电源由控制变压器 TC 输出 110V 交流电压供电。

（1）主轴电动机 M1 的控制。主轴电动机 M1 采用两地控制，起动按钮 SB1、SB2 和停止按钮 SB5、SB6 分别装在机床两处，方便操作。SA3 是主轴电动机 M1 的电源换相开关，用于改变主轴电动机 M1 的旋转方向；KM1 是电动机的起动接触器；SQ1 是与主轴变速手柄联动的冲动位置开关，主轴电动机是经过弱性联轴器和变整机构的齿轮传动链来传动的，可使主轴获得 18 级不同的转速。

主轴电动机 M1 的控制包括起动控制、制动控制、换刀控制和变速冲动控制。

① 起动控制。起动主轴电动机 M1 前，先选择好主轴的转速，先合上电源开关 QS1，再把主轴转换开关 SA3 扳到主轴所需要的旋转方向，然后按下起动按钮 SB1（或 SB2），接触器 KM1 线圈得电动作，其主触点闭合，主轴电动机 M1 起动运转，同时其常开辅助触头（9—10 点）闭合，为工作台进给电路提供了电源。

② 制动控制。当铣削完毕，需要主轴电动机 M1 停车时，按下停止按钮 SB5（或 SB6），切断接触器 KM1 线圈的电路，主轴电动机 M1 惯性运转，同时电磁离合器 YC1 线圈得电（由 SB5-2、SB6-2 控制），使主轴电动机 M1 迅速制动停转，当主轴电动机 M1 停车后方可松开停止按钮。

③ 换刀控制。更换铣刀时，为避免主轴转动，造成更换困难，应将主轴制动。其方法是将转换开关 SA1 扳到换刀位置，常开触点 SA1-1 闭合，电磁离合器 YC11 线圈得电将主轴制动；同时其常闭触点 SA1-2 断开，切断控制电路，铣床不能通电运转，确保换刀时人身和设备的安全。

④ 变速冲动控制。主轴变速时的冲动控制是利用变速手柄与冲动行程开关 SQ1 通过机械上的联动机构进行控制的，如图 61 所示。

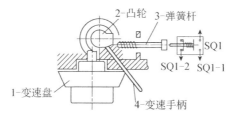

图 61 主轴变速的冲动控制示意图

2-凸轮 3-弹簧杆 SQ1 SQ1-2 SQ1-1 1-变速盘 4-变速手柄

当主轴需要变速时，先把变速手柄向下压，使手柄的榫块从定位槽中脱出，然后外拉手柄使榫块落入第二道槽中，使齿轮组脱离啮合。转动变速盘选定所需转速后，再把变速手柄以连续较快的速度推回原来位置；当变速手柄推向原来位置时，其联动机构瞬时压合位置开关 SQ1，使 SQ1-2 分断，SQ1-1 闭合，接触器 KM1 线圈瞬时得电动作，使电动机 M1 瞬时转动一下，以利于变速后的齿轮啮合；当变速手柄推回原位后，位置开关 SQ1 触头又复原，接触器 KM1 线圈失电释放，电动机 M1 失电停转，变速冲动操作结束。

（2）进给电动机 M2 的控制。X62W 万能铣床的进给控制与主轴电动机的控制是顺序控制，只有在主轴电动机 M1 起动后，接触器 KM1 的辅助常开触头（9—10 点）闭合，才接通进给电动机 M2 控制电路，进给电动机 M2 才可以起动。

转换开关 SA2 是控制圆工作台运动的，在不需要圆工作台运动时，将转换开关 SA2 打到"关"位置，转换开关 SA2 的触头 SA2-1 闭合，SA2-2 分断，SA2-3 闭合。当需要圆工作台运动时，将转换开关 SA2 打到"开"位置，转换开关 SA2 的触头 SA2-1 断开，SA2-2 闭合，SA2-3 断开。SA2 开关位置如表 26 所示。

表 26 SA2 开关位置

触点 　　　　　位置	接通	断开
SA2-1	—	+
SA2-2	+	—
SA2-3	—	+

工作台的进给运动有上和下、前和后及左和右（纵向）6 个方向的运动。工作台的上下（升降）运动和前后（横向）进给运动完全是由"工作台升降与横向手柄"来控制的；工作台的左右进给运动是由"工作台纵向操纵手柄"来控制的。

①工作台向上、向下、向前、向后进给运动的控制。操作装在工作台的左侧前后方的操作手柄将某一方向，操作手柄的联动机构与位置开关 SQ3 和 SQ4 相连接，位置开关装在工作台的左侧，前面一个是 SQ4，用于控制工作台向上及向后运动；后面一个是 SQ3，用于控制工作台的向下及向前运动。此手柄有 5 个位置（上、下、左、右、中），而且是相互联锁的，各方向的进给不能同时接通。手柄位置与工作台升降和横向运动的控制关系如表 27 所示。

表 27 工作台升降和横向运动与手柄位置间的控制关系

手柄位置	工作台运动方向	离合器接通丝杆	位置开关动作	接触器动作	电动机运转方向
上	向上进给或快速向上	垂直进给丝杆	SQ3	KM3	正转
下	向下进给或快速向下	垂直进给丝杆	SQ4	KM4	反转

手柄位置	工作台运动方向	离合器接通丝杆	位置开关动作	接触器动作	电动机运转方向
中	升降或横向进给停止		—	—	停止
后	向后进给或快速向后	横向丝杆	SQ3	KM3	正转
前	向前进给或快速向前	横向丝杆	SQ4	KM4	反转

工作台向上运动——在主轴电动机起动后，将操作手柄扳到向上位置，其联动机构一方面接通垂直传动丝杆的离合器，为垂直运动丝杠的转动做好准备；另一方面它使位置开关 SQ3 动作，其常闭触头 SQ3-2 分断，而常开触头 SQ3-1 闭合，接触器 KM3 线圈得电，KM3 主触头闭合，进给电动机 M2 正转，工作台向上运动。接触器 KM3 的常闭触头起联锁作用，使接触器 KM4 线圈不能同时得电动作。将手柄扳回中间位置，进给电动机 M2 停止运转。

工作台向下运动——将手柄向下扳动时，其联动机构一方面使垂直传动丝杠的离合器接通，同时压合位置开关 SQ4，使其常闭触头 SQ4-2 分断，而常开触头 SQ4-1 闭合，接触器 KM4 线圈得电，KM4 主触头闭合，进给电动机 M2 反转，工作台向下运动。接触器 KM4 的常闭触头起联锁作用，使接触器 KM3 线圈不能同时得电动作。将手柄扳回中间位置，进给电动机 M2 停止运转。

工作台向后运动——当手柄向后扳动时，其联动机构一方面使横向传动丝杠的离合器接通，同时压合位置开关 SQ3，使其常闭触头 SQ3-2 分断，而常开触头 SQ3-1 闭合，接触器 KM3 线圈得电，KM3 主触头闭合，进给电动机 M2 正转，工作台向前运动。接触器 KM3 的常闭触头起联锁作用，使接触器 KM4 线圈不能同时得电动作。

工作台向前运动——当手柄向前扳动时，其联动机构一方面使横向传动丝杠的离合器接通，同时压合位置开关 SQ4，使其常闭触头 SQ4-2 分断，而常开触头 SQ4-1 闭合，接触器 KM4 线圈得电，KM4 主触头闭合，进给电动机 M2 反转，工作台向后运动。接触器 KM4 的常闭触头起联锁作用，使接触器 KM3 线圈不能同时得电动作。

② 工作台的左右（纵向）运动的控制。工作台的左右运动同样是由进给电动机 M2 来传动的，由"工作台纵向操纵手柄"来控制。此手柄有三个位置：向左、向右和中间位置。当手柄扳到向右或向左运动方向时，手柄的联动机构压下位置开关 SQ5 或 SQ6，使接触器 KM3 或 KM4 动作，来控制电动机 M2 的正反转。手柄位置与工作台纵向运动的控制关系如表 28 所示。

表 28　工作台纵向运动与手柄位置间的控制关系

手柄位置	工作台运动方向	离合器接通丝杆	位置开关动作	接触器动作	电动机运转方向
左	向左进给或快速向左	左右进给丝杆	SQ5	KM3	正转
中	停止	—	—	—	停止
右	向右进给或快速向右	左右进给丝杆	SQ6	KM4	反转

工作台向右运动——当主轴电动机 M1 起动后，将操纵手柄向右扳，其联动机构压合位置开关 SQ6，使其常闭触头 SQ6-2 分断，而常闭触头 SQ6-1 闭合，使接触器 KM4 线圈得电，其主触头闭合，进给电动机 M2 反转，拖动工作台向右运动，KM4 的常闭触头断开，对接触器 KM3 联锁作用。

工作台向左运动——当主轴电动机 M1 起动后，将操纵手柄向左扳，其联动机构压合位置开关 SQ5，使其常闭触头 SQ6-2 分断，而常闭触头 SQ6-1 闭合，使接触器 KM3 线圈得电，其主触头闭合，进给电动机 M2 正转，拖动工作台向左运动，KM3 的常闭触头断开，对接触器 KM4 联锁作用。

③ 工作台进给变速时的冲动控制。在需要改变工作台进给速度时，为了使齿轮易于啮合，也需要进给电动机 M2 的瞬时冲动一下。变速时，先将进给变速操纵手柄放在中间位置，然后将进给变速盘向外拉出，使进给齿轮松开，转动变速盘选定进给速度后，再将变速盘快速推回原位。在推进过程中，其联动机构瞬时压合位置开关 SQ2，使 SQ2-2 分断，SQ2-1 接通，接触器 KM3 因线圈得电而动作，进给电动机 M2 瞬时正转一下，从而保证变速齿轮易于啮合。当手柄推回到原位后，位置开关 SQ2 复位，接触器 KM3 因线圈失电而释放，进给电动机 M2 瞬时冲动结束。

④ 工作台的快速移动控制。为提高工作效率，减少辅助时间，X62W 万能铣床在加工过程中，若不做铣削加工时，要求工作台可以快速移动。工作台的快速移动通过各个方向的操作手柄与快速移动按钮 SB3、SB4 配合，由工作台快速进给电磁离合器 YC3 和进给电动机 M2 来实现的。其动作过程如下：先将进给操纵手柄扳到需要的位置，按下快速移动按钮 SB3 或 SB4（它们采用两地控制），使接触器 KM2 线圈得电，KM2 的常闭触头分断，电磁离合器 YC2 失电，将齿轮传动链与进给丝杠分离，KM2 的两对常开触头闭合，一对使电磁离合器 YC3 得电，将进给电动机 M2 与进给丝杠直接搭合；另一对使接触器 KM3 或 KM4 得电动作，进给电动机 M2 得电正转或反转，带动工作台沿选定的方向快速移动。工作台的快速移动采用点动控制，当松开 SB3 或 SB4，快速移动停止。

⑤ 圆工作台运动的控制。先将工作台的进给操纵手柄扳到中间位置（零位），使位置开关 SQ3、SQ4、SQ5、SQ6 全部处于正常位置（不动作），然后将转换开关 SA2 扳到"开"位置，这时 SA2-2 闭合，SA2-1、SA2-3 分断。这时按主轴起动按钮 SB1 或 SB2，主轴电动机 M1 起动，接触器 KM3 线圈得电动作，进给电动机 M2 起动，并通过机械传动使圆工作台按照需要的方向转动。

圆工作台不能反转，只能沿一个方向作回转运动，并且圆工作台运动的通路需经 SQ3、SQ4、SQ5、SQ6 四个位置开关的常闭触头，所以，若圆工作台工作时，扳动工作台任一进给手柄，都将使圆工作台停止工作，这就保证了工作台的进给运动与圆工作台工作不可能同时进行。若按下主轴电动机 M1 停止按钮，主轴停转，圆工作台也同时停止运动。

当不需要圆工作台旋转时，转换开关 SA2 扳到断开位置，这时触头 SA2-1、SA2-3 闭合，触头 SA2-2 断开，以保证工作台在 6 个方向的进给运动，因为圆工作台的运动与 6 个方向的进给也是联锁的。

（3）冷却泵电动机的控制。冷却泵电动机 M3 只有在主轴电动机启动后才能起动，它由转换开关 QS2 控制。

（4）照明电路的控制。照明电路的安全电压为 24V，由降压变压器 T1 的二次侧输出。EL 为机床的低压照明灯，由转换开关 SA4 控制。FU5 为熔断器，作为照明电路的短路保护。

四、X62W 万能铣床电气控制线路的故障与检修

（一）X62W 万能铣床电气故障检修总体思路

首先要熟悉 X62W 万能铣床的主要结构和运动形式，对万能铣床进行实际操作，了解铣

床的各种工作状态及各按钮的作用。

其次要熟悉 X62W 万能铣床各电气元件的安装位置、电气线路的走线情况、各电气元件的作用，以及操作各按钮时，机床的工作状态及各运动部件的工作情况。

再次在有故障或人为设置故障的平面磨床上进行故障检修前，应先认真观看指导教师示范检修，掌握故障检修的基本操作步骤。

最后针对指导教师设置的人为故障点，应先仔细观察故障现象，再从故障现象着手分析故障可能的原因，再采用正确的检查步骤和检修方法排除故障。

（二）X62W 万能铣床常见电气故障检修方法

1. 故障现象：不能起动

故障原因分析：主轴换向开关 SA3 在停止位；熔断器 FU1、FU2、FU3 熔丝烧断；换刀制动开关 SA2 在"开"位置；起动、停止按钮（SB1、SB2、SB5、SB6）接触不良。

故障检测与排除方法：检查主轴电动机 M1 的主电路和控制电路。

（1）断开主轴电动机 M1。通电检查 FU1、FU2、FU3 上、下节点的电压是否正常，查 KM1 主触点电压是否正常。

（2）检查换刀制动开关 SA2 是否在"开"位置，应将其打到"关"位置。

（3）检查起动、停止按钮（SB1、SB2、SB5、SB6）的触点，如有接触不良，修复触点，即可排除故障。

2. 故障现象：圆工作台正常、进给冲动正常，其他方向进给都不动作

故障原因分析：故障范围被锁定在左右、上下、前后进给的公共通电路径；根据圆工作台、进给冲动工作正常，可知故障点就在 SA2-3 触点或其连线上。

故障检测与排除方法：用电阻法，断开 SA2-3 一端接线，测量 SA2-3 触点电阻，如接触不良，修复触点，即可排除故障。

用电压法：先按下 SB1 或 SB2，接触器 KM1 吸合，检查 TC 二次绕组线与 SA1-2 线间电压；检查 SA2-3，如有接触不良，修复拨盘开关，即可排除故障。

3. 故障现象：主轴电动机 M1 工作正常，但进给电动机 M2 不动作

故障原因分析：联锁触点 KM1 接触不良；SQ1 至 KM1、KM1 至 SA2-1 或 SQ2-2 导线断线；FR3 触点至线圈 KM2 或 KM3、KM4 导线断线。

故障检测与排除方法：先按下 SB1 或 SB2，接触器 KM1 吸合，检查 TC 二次绕组线与 KM1 线间电压；检查触点 KM1，如有接触不良，修复触点，即可排除故障。检查 SQ1 至 KM1、KM1 至 SA2-1 或 SQ2-2、FR3 触点至线圈 KM2、KM3 或 KM4 的触点电阻，如有断开，更换连接导线，即可排除故障。

4. 故障现象：左右进给不动作，圆工作台不动作，进给冲动不动作，其他方向进给正常

故障原因分析：故障出在左右进给、圆工作台的公共部分 SQ2-2、SQ3-2、SQ4-2 及连接导线。但进给冲动不动作，进一步说明故障落在 SQ3-2、SQ4-2 触点范围。

故障检测与排除方法：断开 SA2 或断开 SQ3-2、SQ4-2 的一端连线。测量 SQ3-2、SQ4-2 触点的电阻及连接导线的通断，如有断开，更换 SQ3 或更换连接导线，即可排除故障。

5. 故障现象：上、左、后方向无进给，下、右、前方向进给正常

故障原因分析：故障范围在 SA2-3 线至 SQ6-1 或 SQ4-1 线；SQ6-1 或 SQ4-1 线 KM3 动断触点；KM3 动断触点；KM3 动断触点至 KM4 线圈；KM4 线圈；KM4 至 KM3 线圈。

故障检测与排除方法：检查 KM4 线圈，检查 KM3 动断触点，如有接触不良，修复触点，即可排除故障。

6. 故障现象：主轴电动机 M1 能正常起动，但不能变速冲动

故障原因分析：主要故障范围在 SQ1 的动合触点及连接导线；机械装置未压合冲动行程开关 SQ1。

故障检测与排除方法：断开 SQ1-1 动合触点的一端引线，或者把 SA1 拨向断开位置；压合 SQ1 后，检查 SQ1-1 动合触点的接触电阻，如回路开路，则更换行程开关 SQ1，即可排除故障。

7. 故障现象：主轴电动机 M1 不能制动

故障原因分析：整流变压器烧坏；熔断器 FU3、FU4 熔丝烧断，整流二极管损坏，主轴停止按钮 SB5、SB6 的动合触点接触不良，主轴制动电磁离合器线圈损坏。

故障检测与排除方法：用万用表电阻挡检查整流桥，检查 SB5、SB6 的动合触点，如有接触不良，修复触点，即可排除故障。

8. 故障现象：工作台不能快速移动

故障原因分析：快速移动按钮 SB5 或 SB6 的触点接触不良或接线松动脱落，接触器 KM2 线圈烧坏；整流二极管损坏；快速离合器 YC3 损坏。

故障检测与排除方法：检查 SB3、SB4 的动合触点，如有接触不良，修复触点，即可排除故障。

五、X62W 万能铣床电气模拟装置的试运行操作

1. 准备工作

（1）查看各电气元件上的接线是否紧固，各熔断器是否安装良好。

（2）独立安装好接地线，设备下方垫好绝缘垫，将各开关置分断位置。

（3）接上三相电源。

2. 操作试运行

接上电源后，各开关均应置分断位置。参看电路原理图，按下列步骤进行机床电气模拟操作运行：

（1）使装置漏电保护装置接触器先吸合，合上闸刀开关 QS1，此时"电源指示"灯亮，说明机床电源已接通。

（2）主轴电动机的起动：换向转换开关 SA3 置左位（或右位），用来接通主轴电动机 M1 的"正转"或"反转"。按起动按钮 SB1（或 SB2），接触器 KM1 吸合，主轴电动机 M1 起动，同时 KM1 的辅助触点（9-10）闭合，接通 KM3、KM4 线圈支路，确保主轴电动机 M1 起动后进给电动机 M2 才能起动。

（3）主轴电动机 M1 的停车与制动：按停止按钮 SB5（或 SB6），接触器 KM1 线圈失电释放，电动机 M1 停电，同时由于 SB5-2 或 SB6-2 接通电磁离合器 YC1，对主轴电动机 M1 进行制动。松开停止按钮 SB5（或 SB6），电磁离合器 YC1 失电。本装置采用指示灯模拟电磁离合器，YC1 得电，指示灯亮，YC1 失电，指示灯灭。

（4）主轴换铣刀控制：转换开关 SA1 扳到换刀位置时，电磁离合器 YC1 得电，电动机 M1 制动；同时常闭触点 SA1-2 断开，切断控制电路，使机床无法运行。本装置采用指示灯

模拟电磁离合器，YC1 得电，指示灯亮，YC1 失电，指示灯灭。

（5）主轴电动机 M1 变速冲动操作控制：实际机床的变速是通过变速手柄的操作，瞬间压动 SQ1 行程开关，使电动机产生微转，从而能使齿轮较好实现换挡啮合的。

本装置用手动操作 SQ1，模仿机械的瞬间压动效果：采用迅速的"点动"操作，使主轴电动机 M1 通电后，立即停转，形成微动或抖动。操作要迅速，以免出现"连续"运转现象。当出现"连续"运转时间较长，会使电动机发烫。此时应拉下闸刀后，重新送电操作。

（6）工作台横向（前、后）、垂直（上、下）进给控制（SA2 开关状态：SA2-1、SA2-3 闭合，SA2-2 断开）。

实际机床中的进给电动机 M2 用于驱动工作台横向（前、后）、垂直（上、下）和纵向（左、右）移动的动力源，均通过机械离合器来实现控制"状态"的选择，进给电动机只作正、反转控制，机械"状态"手柄与电气开关的动作对应关系如下：

工作台横向、升降控制（实际机床由"十字"复式操作手柄控制，既控制离合器又控制相应开关）。

工作台向后、向上运动—进给电动机 M2 正转—SQ3 压下。

工作台向前、向下运动—进给电动机 M2 反转—SQ4 压下。

装置操作：主令开关向上扳，压动 SQ3，进给电动机 M2 正转。主令开关向下扳，压动 SQ4，进给电动机 M2 反转。

（7）工作台纵向（左、右）进给运动控制（SA2 开关状态：SA2-1、SA2-3 闭合，SA2-2 断开）。

实际机床专用一个"纵向"操作手柄，既控制相应离合器，又压动对应的开关 SQ5 和 SQ6，使工作台实现了纵向的左和右运动。

装置操作：主令开关向左扳，压动 SQ5，进给电动机 M2 反转。主令开关向右扳，压动 SQ6，进给电动机 M2 正转。

备注：在本装置中，"工作台升降与横向手柄"与"工作台纵向操纵手柄"采用同一个主令开关。

（8）工作台快速移动控制：在实际机床中，按动 SB3 或 SB4 按钮，接触器 KM2 吸合，电磁离合器 YC2 失电，电磁离合器 YC3 得电，改变机械传动链中中间传动装置，实现各方向的快速移动。本装置采用指示灯模拟电磁离合器，YC2、YC3 得电，指示灯亮，YC2、YC3 失电，指示灯灭。

（9）进给变速冲动（功能与主轴冲动相同，便于换挡时，齿轮的啮合）。

实际机床中变速冲动的实现：在变速手柄操作中，通过联动机构瞬时带动"冲动行程开关 SQ2"，使电动机产生瞬动。

模拟"冲动"操作，按下 SQ2，电动机 M2 转动，操作此开关时应迅速压下与放开，以模仿瞬动压下效果。

（10）圆工作台回转运动控制：将圆工作台转换开关 SA2 扳到"开"位置，此时，SA2-1、SA2-3 触点分断，SA2-2 触点接通。

在起动主轴电动机 M1 后，进给电动机 M2 正转，实际中即为圆工作台旋转（此时工作台全部操作手柄扳在零位，即 SQ3~SQ6 均不压下）。

（11）冷却泵电动机 M3 的起动：在主轴电动机 M1 运转的情况下，合上闸刀开关 QS2，冷却泵电动机 M3 运转。

（12）照明电路的控制：旋转 SA4 开关，扳到"开"位置，照明指示灯亮。

备注：设置故障时，将故障箱内的钮子开关向下扳，排除故障时，将钮子开关向上扳。

六、X62W 万能铣床电气控制线路故障设置及排除

1. 实习内容

（1）用通电试验方法发现故障现象，进行故障分析，并在电气原理图中用虚线标出故障最小范围。

（2）按图排除 X62W 万能铣床主电路或控制电路中人为设置的电气故障点。

2. 电气故障的设置原则

（1）人为设置的故障点，必须是模拟机床在使用过程中，由于受到振动、受潮、高温、异物侵入、电动机负载及线路长期过载运行、起动频繁、安装质量低劣和调整不当等原因造成的"自然"故障。

（2）切忌设置改动线路、换线、更换电气元件等由于人为原因造成的非"自然"的故障点。

（3）故障点的设置，应做到隐蔽且设置方便，除简单控制线路，两处故障一般不宜设置在单独支路或单一回路中。

（4）对于设置一个以上故障点的线路，其故障现象应尽可能不要相互掩盖，否则学生在检修时，若检查思路尚清楚，但检修到定额时间的 2/3 还不能查出一个故障点时，可作适当的提示。

（5）应尽量不设置容易造成人身或设备事故的故障点，如有必要时，教师必须在现场密切注意学生的检修动态，随时做好采取应急措施的准备。

（6）设置的故障点，必须与学生应该具有的修复能力相适应。

七、设备维护

（1）操作中，若发出较大噪音，要及时处理，如接触器发出较大嗡嗡声，一般可将该电器拆下，修复后使用或更换新电器。

（2）设备在经过一定次数的排故训练使用后，可能出现导线过短，一般可按原理图进行第二次连接，即可重复使用。

（3）更换电器配件或新电器时，应按原型号配置。

（4）电动机在使用一段时间后，需加少量润滑油，做好电动机保养工作。

八、电路故障分布图及故障设置表

1. 电路故障分布图

电路故障分布图如图 62 所示。

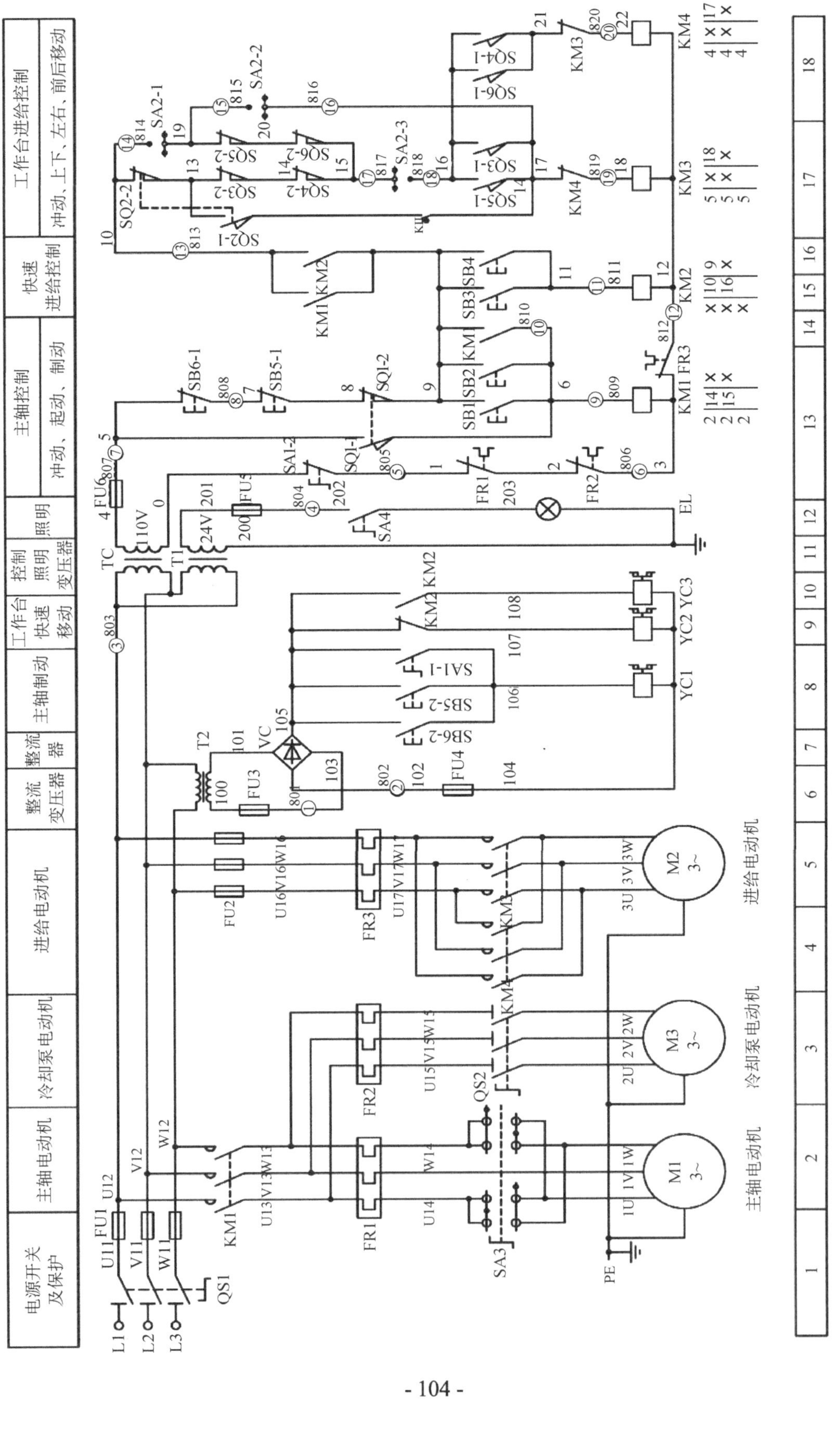

图 62 X62W 铣床电气故障分布图

2. 故障设置情况

故障设置情况如表 29 所示。

表 29　故障设置一览表

故障开关	故障现象	备　注
K1	指示灯 YC1、YC2、YC3 都不亮	T2 交流输出电路开路
K2	指示灯 YC1、YC2、YC3 都不亮	整流电路开路
K3	主轴、进给电动机均不能起动	电源指示灯、照明灯均不亮
K4	照明指示灯不亮	打开关 SA4，照明指示灯不亮
K5	主轴无变速冲动	主轴、进给电动机均能正常起动
K6	主轴、进给电动机均不能起动	照明工作正常，控制回路开路
K7	主轴、进给电动机均不能起动	照明工作正常
K8	主轴、进给电动机均不能起动	主轴变速冲动正常
K9	主轴电动机不能起动	主轴电动机不能起动，主轴变速冲动正常
K10	主轴电动机只能点动控制	按 SB1、SB2 能点动控制
K11	快速进给不能动作	按 SB3、SB4 不能快速进给
K12	进给电动机均不能起动	主轴电动机能正常工作
K13	进给电动机不能起动	主轴电动机能起动，进给电动机不能起动
K14	工作台不能向上或向下进给	圆工作台工作正常，能进行进给变速冲动
K15	圆工作台不能工作	工作台进给正常，能进行进给变速冲动
K16	圆工作台不能工作	工作台进给正常，能进行进给变速冲动
K17	工作台不能进给	圆工作台工作正常，能进行进给变速冲动
K18	工作台不能进给	圆工作台工作正常，能进行进给变速冲动
K19	进给电动机不能正转	进给变速无冲动，向右、向上（或向后）进给不正常，圆工作台不工作
K20	进给电动机不能反转	工作台工作时，不能左进给，不能下（或前）进给

九、铣床排故考核

X62W 铣床排故项目技能考核评分表

日期：_____　　班级：_____　　学号：_____　　姓名：_____　　得分：_____

考核时，请设置两个故障考核。

序号	内容（分值）	扣分标准	故障分析答题区	得分
1	故障现象 5 分	故障现象不清楚，两个故障每个扣 2～5 分		
2	故障分析 10 分	分析和判断故障范围，分析思路不清楚，故障范围分析不全面或不正确，两个故障每个扣 3～10 分		
3	故障检查 15 分	故障 1 排除故障方法及仪表使用不正确，扣 5～15 分 此处为现场打分项，由评分者根据操作情况给定		
		排故障 2 除故障方法及仪表使用不正确，扣 5～15 分 此处为现场打分项，由评分者根据操作情况给定		
4	故障排除 20 分	故障点判断不准确或误判一次，两个故障每个扣 10 分，不会判断或故障没有排除不得分		
合计成绩（每个故障 50 分，满分 100 分）				

附录 A 综合实验实训设计题目

一、两台电动机启停控制

两台三相笼型异步电动机，均为单向旋转，对其电气控制有如下要求：

1. 两台电动机能互不影响地独立控制其起动和停止。

2. 又能同时控制两台电动机的起动和停止。

3. 当第一台电动机过载时，只使本机停转；但当第二台电动机过载时，则要求两台电动机同时停转。

4. 设置必要的电气保护。

二、两台电动机顺序启停控制

某机床由两台三相笼型异步电动机 M1 与 M2 拖动，其电气控制要求如下：

1. M1 采用 Y—△ 减压起动。

2. M1 起动经 5 秒后方可允许 M2 直接起动。

3. M2 停车后方可允许 M1 停车。

4. M1、M2 的起动、停止均要求两地操作。

5. 设置必要的电气保护。

三、某机床主轴电动机控制

某机床主轴由一台电动机拖动，控制要求如下：

1. 主轴电动机能正、反转。

2. 为便于调整，主轴电动机还应能实现正、反转的点动控制。

3. 设置必要的电气保护。

四、双速电动机高低速控制

某机床主轴由一台双速三相笼型异步电动机拖动，对其电气控制有如下要求：

1. 能低速或高速运行。

2. 高速运行时，先低速起动。

3. 能低速点动。

4. 设置必要的电气保护。

五、运料小车电气控制

试设计图 63 所示运料小车的控制线路，要求同时满足以下要求：

图 63 运料小车的控制线路示意图

1. 小车起动后，前进到 A 地，然后做以下往复运动：到 A 地后停 2 分钟等待装料，然后自动走向 B；到 B 地后停 2 分钟等待卸料，然后自动走向 A。
2. 有过载和短路保护。
3. 小车可停在任意位置。

六、某磨床电气控制

设计要求：某磨床的冷却液输送—清滤系统由三台电动机驱动，在电控上要求做到：
1. M1、M2 均可正、反转，M3 单向旋转。
2. M1、M2 同时起动。
3. M1、M2 起动后 M3 方能起动。
4. 停止时 M3 必须先停止，5s 后 M2 和 M1 自动同时停止。
5. 设置必要的电气保护。

七、工作台循环工作控制

试设计图 64 所示工作台的控制电路。起动后工作台遵循如下循环工作：部件 A 从 1 到 2→部件 B 从 3 到 4→部件 A 从 2 回到 1→部件 B 从 4 回到 3。要设置必要的电气保护。

图 64 工作台的控制电路示意图

八、生产线控制

某生产线由电动机驱动输送带，工件由入口进入，即自动输送到输送带上，如图 65 所示。若工件输送到工作站 1，限位开关 SQ1 检测出工件已到位，电动机停转，输送带停止运动，工件在工作站 1 加工 2 分钟，电动机再运行，输送带将工件输送到工作站 2 加工，然后再输送到工作站 3 加工，最后送至搬运车。

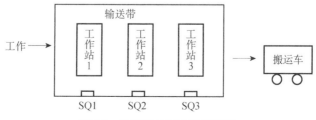

图 65 生产线控制电路示意图

九、三台电动机顺序起动控制

某机床由三台电动机拖动，均为单向旋转，控制要求如下：

1. 起动时 M1 先起动，10s 后 M2 自动起动，M2 运行 5s 后 M3 自动起动。
2. 停止时 M1、M2、M3 同时停。
3. 设置必要的电气保护。

十、双速电动机正反转控制

某机床主轴由一台双速异步电动机拖动，对其电气控制有如下要求：

1. 能低速、高速直接转换。
2. 高低速运行时均可正、反转，且可以直接转换。
3. 设置必要的电气保护。

十一、三台电动机顺序控制

某机床由三台电动机拖动，M1 和 M3 为单向旋转，M2 可以正反转，控制要求如下：

1. 起动时必须按照 M1→M2→M3 顺序由按钮起动。
2. 停车时必须按照 M3→M2→M1 顺序由按钮停车。
3. 设置必要的电气保护。

十二、电动机正反转循环控制

控制要求：

1. 正转 3s，停 2s，反转 3s，停 2s，如此循环。
2. 设置必要的电气保护。

设计过程举例：

任务一　两台电动机顺序启停控制

某机床由两台三相笼型异步电动机 M1 与 M2 拖动，其电气控制要求如下：

1. M1 起动经 5 秒后方允许 M2 直接起动。
2. M2 停车后方可允许 M1 停车。
3. M1、M2 的起动、停止均要求两地操作。
4. 设置必要的电气保护。

设计过程：

1. 对学生进行安全教育。
2. 由学生随机选择设计题目，然后在限定时间内完成相关任务。
3. 选择拖动方案与控制方式。
4. 确定电动机的类型、容量、转速，并选择具体型号（根据实际情况也可忽略此步操作过程，但要让学生明白此步操作的关键性及其重要性）。
5. 设计电气控制原理框图，确定各部分之间的联系，拟定部分技术要求。
6. 设计并绘制电气原理图，并根据要求计算主要技术参数。
7. 选择电气元件，制定元器件目录清单。
8. 根据题目要求绘出元件分布图。

9. 绘出安装接线图（根据情况也可忽略此步操作）。

10. 编写设计说明书。

11. 进行安装调试并验收。

任务二　某机床主轴电动机高低速控制

某机床主轴由一台电动机拖动，控制要求如下：

1. 能低速或高速运行。

2. 高速运行时，先低速起动。

3. 能低速点动。

4. 设置必要的电气保护。

设计过程：

1. 对学生进行安全教育。

2. 由学生随机选择设计题目，然后在限定时间内完成相关任务。

3. 选择拖动方案与控制方式。

4. 确定电动机的类型、容量、转速，并选择具体型号（根据实际情况也可忽略此步操作过程，但要让学生明白此步操作的关键性及其重要性）。

5. 设计电气控制原理框图，确定各部分之间的联系，拟定部分技术要求。

6. 设计并绘制电气原理图，并根据要求计算主要技术参数。

7. 选择电气元件，制定元器件目录清单。

8. 根据题目要求绘出元件分布图。

9. 绘出安装接线图（根据情况也可忽略此步操作）。

10. 编写设计说明书。

11. 进行安装调试并验收。

任务三　运料小车电气控制

试设计图 63 所示运料小车的控制线路。要求同时满足以下要求：

1. 小车起动后，前进到 A 地，然后做以下往复运动：到 A 地后停 2 分钟等待装料，然后自动走向 B；到 B 地后停 2 分钟等待卸料，然后自动走向 A。

2. 有过载和短路保护。

3. 小车可停在任意位置。

设计过程：

1. 对学生进行安全教育。

2. 由学生随机选择设计题目，然后在限定时间内完成相关任务。

3. 选择拖动方案与控制方式。

4. 确定电动机的类型、容量、转速，并选择具体型号（根据实际情况也可忽略此步操作过程，但要让学生明白此步操作的关键性及其重要性）。

5. 设计电气控制原理框图，确定各部分之间的联系，拟定部分技术要求。

6. 设计并绘制电气原理图，并根据要求计算主要技术参数。

7. 选择电气元件，制定元器件目录清单。

8. 根据题目要求绘出元件分布图。

9. 绘出安装接线图（根据情况也可忽略此步操作）。

10. 编写设计说明书。

11. 进行安装调试并验收。

任务四 机械滑台的一次工作进给自动控制

1. 机械滑台由两台电动机 M1、M2 带动。M1 为工进电动机，M2 为快速电动机。工作示意如图 66 所示。

图 66 机械滑台的一次工作进给自动控制示意图

2. 按下起动按钮，小车快进，到 SQ2 处转为工进，到 SQ3 处快退，退回原位自动停止。

3. 设小车快进快退按钮，单独控制小车快进、快退。

4. 工进过程中，按停止按钮无效，按快进快退按钮也无效。

5. 工进的终端位置要有超行程保护。

6. 电机采用过载保护，有其他必要保护措施。

设计过程：

1. 对学生进行安全教育。

2. 由学生随机选择设计题目，然后在限定时间内完成相关任务。

3. 选择拖动方案与控制方式。

4. 确定电动机的类型、容量、转速，并选择具体型号（根据实际情况也可忽略此步操作过程，但要让学生明白此步操作的关键性及其重要性）。

5. 设计电气控制原理框图，确定各部分之间的联系，拟定部分技术要求。

6. 设计并绘制电气原理图，并根据要求计算主要技术参数。

7. 选择电气元件，制定元器件目录清单。

8. 根据题目要求绘出元件分布图。

9. 绘出安装接线图（根据情况也可忽略此步操作）。

10. 编写设计说明书。

11. 进行安装调试并验收。

任务五 生产线控制

某生产线由电动机驱动输送带，工件由入口进入，即自动输送到输送带上，如图 66 所示。若工件输送到工作站 1，限位开关 SQ1 检测出工件已到位，电动机停转，输送带停止运动，工件在工作站 1 加工 2 分钟，电动机再运行，输送带将工件输送到工作站 2 加工，然后再输送到工作站 3 加工，最后送至搬运车。

设计过程：

1. 对学生进行安全教育。

2. 由学生随机选择设计题目，然后在限定时间内完成相关任务。

3. 选择拖动方案与控制方式。

4. 确定电动机的类型、容量、转速，并选择具体型号（根据实际情况也可忽略此步操作过程，但要让学生明白此步操作的关键性及其重要性）。

5. 设计电气控制原理框图，确定各部分之间的联系，拟定部分技术要求。

6. 设计并绘制电气原理图，并根据要求计算主要技术参数。

7. 选择电气元件，制定元器件目录清单。

8. 根据题目要求绘出元件分布图。

9. 绘出安装接线图（根据情况也可忽略此步操作）。

10. 编写设计说明书。

11. 进行安装调试并验收。

附录 B　综合试卷 1

一、填空题（20×1 分）

1. 熔断器又叫保险丝，用于电路的_____保护，使用时应_____接在电路。

2. 直流电动机常用的制动方法有：_____、_____和_____。

3. 用 Y—△降压起动时，起动电流为直接用△接法起动时的_____，所以能降低起动电流，但启动转矩也只有直接用△接法起动时_____，因此只适用于_____起动。

4. 一台 6 极三相异步电动机接于 50Hz 的三相对称电源；其 $s=0.05$，则此时转子转速为_____r/min，定子旋转磁势相对于转子的转速为_____r/min。

5. 接触器或继电器的自锁一般是利用自身的_____触头保证线圈继续通电。

6. 并励直流电动机，当电源反接时，其中 I_a 的方向_____，转速方向_____。

7. 时间继电器按延时方式可分为_____和_____型。

8. 电流继电器的线圈应_____联在电路中，绕组较_____，电压继电器的线圈应_____联在电路中，绕组较_____。

9. 电动机正反转控制电路必须有_____，使换相时不发生相间短路。

二、判断题（10×2 分，对的打"√"，错的打"×"，请将答案填在表格中，答案不填在表格中不得分）

序号	1	2	3	4	5	6	7	8	9	10
答案										

1. 一台额定电压为 220V 的交流接触器在交流 220V 和直流 220V 的电源上均可使用。

2. 接触器不具有欠压保护的功能。

3. 交流电动机由于通入的是交流电，因此它的转速也是不断变化的，而直流电动机其转速是恒定不变的。

4. 转差率 s 是分析异步电动机运行性能的一个重要参数，当电动机转速越快时，则对应的转差率也就越大。

5. 直流电动机正常工作时，如电磁转矩增大，则电动机转速上升。

6. 三相笼型异步电动机的电气控制线路，如果使用热继电器作过载保护，就不必再装设熔断器作短路保护。

7. 起动他励直流电动机要先加励磁电压，再接通电枢电源。

8. 直流电动机反接制动时，当电动机转速接近于零时，就应立即切断电源，防止电动机反转。

9. 在电气原理图中同一电器的各个部件在图中可以不画在一起。

10. 变电流的相序，就可以改变旋转磁场的旋转方向。

三、简答题（3×5 分）

1. 试简述三相异步电动机的工作原理，说明什么是"异步"。

2. 一台具有自动复位热继电器的接触器正转控制电路的电动机，在工作过程中突然停车，过一段时间后，在没有触动任何电器情况下，电路又可重新起动和正常工作了。试分析其原因。

3. 电动机有哪些保护环节？分别由哪些元件来实现？

四、画图题（10 分）

在同一坐标中画出三相异步电动机的固有机械特性曲线和转子回路串电阻、降压的人为机械特性曲线，并在固有机械特性曲线上标出起动转矩、最大转矩、临界转差率、额定工作点。

五、综合题（35分）

1. 在空调设备中风机和压缩机的起动有如下要求：先开风机 M1（KM1），再开压缩机 M2（KM2）压缩机可自由停车；风机停车时，压缩机即自动停车。试设计满足上述要求的控制线路。（10分）（要求具有短路、过载及失压保护）

2. 有一台三相异步电动机，其铭牌数据为：30kW，1470r/min，380V，△接法，η=82.2%，$\cos\varphi$=0.87，起动电流倍数为 I_{st}/I_N=6.5，起动转矩倍数为 T_{st}/T_N=1.6，采用 Y—△降压起动，试求：（1）该电动机的额定电流；（2）电动机的起动电流和起动转矩？（10分）

3. 在图 67 中标出主电路交流接触器的符号，指出它是什么控制电路？用流程图分析其工作原理（15分）

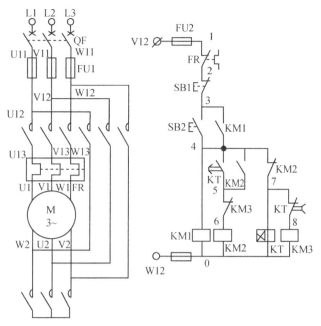

图 67

附录C　综合试卷2

一、填空题（每空1分，共20分）

1. 变压器带负载运行时，若负载增大，其铁损耗_____，铜损耗将_____。

2. 三相鼠笼型异步电动机铭牌上标明："额定电压380伏，接法△"。当这台电动机采用星形—三角形换接起动时，定子绕组在起动时接成_____，运行时接成_____。

3. 一台8极三相异步电动机接于50Hz的三相对称电源；其$s=0.05$，则此时转子转速为_____r/min，定子旋转磁势相对于转子的转速为_____r/min。

4. 直流电机的电磁转矩是由_____和_____共同作用产生的。

5. 并励直流电动机，当电源反接时，其中I_a的方向_____，转速方向_____。

6. 时间继电器按延时方式可分为_____和_____型。

7. 交流伺服电动机的控制方式有_____、_____、_____。

8. 交流接触器主要由_____、_____、_____组成。

9. 直流电动机的起动方法有_____、_____两种。

二、判断题（每题2分，共20分，对的打"√"，错的打"×"，请将答案填在表格中，答案不填在表格中不得分）

序号	1	2	3	4	5	6	7	8	9	10
答案										

1. 直流电磁铁与交流电磁铁的区别之一是是否有短路环。

2. 刀开关安装时，手柄要向上装。接线时，电源线接在上端，下端接用电器。

3. 按钮用来短时间接通或断开小电流，常用于控制电路，绿色表示起动，红色表示停止。

4. 一台额定电压为220V的交流接触器在交流220V和直流220V的电源上均可使用。

5. 三相异步电动机进行降压起动时，与直接起动相比，起动电流变小，而起动转矩变大。

6. 熔断器是安全保护用的一种电器，当电网或电动机发生负荷过载或短路时能自动切断电路。

7. 在电气原理图中同一电器的各个部件在图中可以不画在一起。

8. 直流电动机的起动方法有直接起动、电枢回路串电阻起动、降压起动。

9. 变压器的短路试验，为了试验的安全和仪表选择的方便，可低压边加电压，高压边短路。

10. 直流电动机反接制动时，当电动机转速接近于零时，应立即切断电源，防止电动机反转。

三、简答题（每题 6 分，共 18 分）

1. 有一台过载能力 λ_m=1.8 的异步电动机，带额定负载运行时，由于电网突然故障，电源电压下降到 $70\%U_\mathrm{N}$，问此时电动机能否继续运行？为什么？

2. 何谓步进电动机的步距角？一台步进电动机可以有两个步进角，如 3°/1.5° 是什么意思？

3. 试简述三相异步电动机的工作原理。说明什么是"异步"？

四、计算题（12 分）

一台 55kW 鼠笼型异步电动机，U_N=380V，△接法，1450r/min，额定运行时效率为 0.9，功率因数为 0.88，当在额定电压下起动时，$I_\mathrm{st}/I_\mathrm{N}$=5.6，$T_\mathrm{st}/T_\mathrm{N}$=1.4。那么，采用 Y—△起动时起动电流，起动转矩为多少？当负载转矩为 $0.5T_\mathrm{N}$ 时，Y—△起动方法能否采用？

五、综合题（共 30 分）

1. 画出接触器联锁的正反转控制主电路、控制电路（要求具有短路、过载及失压保护，并且能够进行正—反—停操作）（20 分）

2. 用流程法分析其工作原理。（10 分）

《电机与电气控制技术学习手册》读者意见反馈表

尊敬的读者：

感谢您购买本书。为了能为您提供更优秀的教材，请您抽出宝贵的时间，将您的意见以下表的方式（可从 http://edu.phei.com.cn 下载本调查表）及时告知我们，以改进我们的服务。对采用您的意见进行修订的教材，我们将在该书的前言中进行说明并赠送您样书。

姓名：_____　　电话：_____

职业：_____　　E-mail：_____

邮编：_____　　通信地址：_____

1. 您对本书的总体看法是：

　□很满意　　□比较满意　　□尚可　　□不太满意　　□不满意

2. 您对本书的结构（章节）：□满意　　□不满意　　改进意见_____

_____

_____

3. 您对本书的例题：□满意　　□不满意　　改进意见_____

_____

_____

4. 您对本书的习题：□满意　　□不满意　　改进意见_____

_____

_____

5. 您对本书的实训：□满意　　□不满意　　改进意见_____

_____

_____

6. 您对本书其他的改进意见：

_____

_____

_____

_____

7. 您感兴趣或希望增加的教材选题是：

_____

_____

_____

请寄：100036　北京万寿路 173 信箱　贺志洪

电话：010-88254609　　E-mail:hzh@phei.com.cn